中国特色高水平高职学校项目建设成果

焊条电弧焊

主　编　耿艳旭　李　涛
副主编　赵成刚　孙　闯　任立群　王一凌

哈尔滨工程大学出版社
Harbin Engineering University Press

内容简介

本书是依据高职智能焊接技术专业人才培养目标和定位要求而编写的，主要内容包括四个学习情境，分别是焊条电弧焊焊前准备、焊条电弧焊平敷焊、焊条电弧焊T型平位角焊、低碳钢板对接焊。其下又设有8个任务，分别是焊条电弧焊焊机的认识与调试、选择焊接材料、焊接平敷板的制备、平敷板焊接、T型平角焊结构设计、T型接头平位角焊接、低碳钢板对接平焊、低碳钢板对接横焊。

本书既可作为高职智能焊接技术类专业和机械制造及自动化等相关专业的教材，也可供材料加工领域的研究人员和工程技术人员阅读参考。

图书在版编目(CIP)数据

焊条电弧焊 / 耿艳旭，李涛主编. -- 哈尔滨 ：哈尔滨工程大学出版社，2024. 6. -- ISBN 978-7-5661-4440-9

Ⅰ. TG444

中国国家版本馆 CIP 数据核字第 2024XL7142 号

焊条电弧焊

HANTIAO DIANHUHAN

选题策划 雷　霞
责任编辑 张志雯
封面设计 李海波

出版发行 哈尔滨工程大学出版社
社　　址 哈尔滨市南岗区南通大街 145 号
邮政编码 150001
发行电话 0451-82519328
传　　真 0451-82519699
经　　销 新华书店
印　　刷 哈尔滨市海德利商务印刷有限公司
开　　本 787 mm×1 092 mm　1/16
印　　张 12.25
字　　数 320 千字
版　　次 2024 年 6 月第 1 版
印　　次 2024 年 6 月第 1 次印刷
书　　号 ISBN 978-7-5661-4440-9
定　　价 40.00 元

http://www.hrbeupress.com

E-mail:heupress@hrbeu.edu.cn

中国特色高水平高职学校项目建设
系列教材编审委员会

编 写 说 明

中国特色高水平高职学校和专业建设计划（简称“双高计划”）是我国教育部、财政部为建设一批引领改革、支撑发展、中国特色、世界水平的高等职业学校和骨干专业（群）而实施的重大决策建设工程。哈尔滨职业技术大学（原哈尔滨职业技术学院）入选“双高计划”建设单位，学校对中国特色高水平学校建设项目进行顶层设计，编制了站位高端、理念领先的建设方案和任务书，并扎实地开展人才培养高地、特色专业群、高水平师资队伍与校企合作等项目建设，借鉴国际先进的教育教学理念，开发具有中国特色、符合国际标准的专业标准与规范，深入推动“三教改革”，组建模块化教学创新团队，实施课程思政，开展“课堂革命”，出版校企双元开发活页式、工作手册式、新形态教材。为适应智能时代先进教学手段应用，学校加强对优质在线资源的建设，丰富教材的载体，为开发以工作过程为导向的优质特色教材奠定基础。按照教育部印发的《职业院校教材管理办法》要求，本系列教材编写总体思路是：依据学校双高建设方案中教材建设规划、国家相关专业教学标准、专业相关职业标准及职业技能等级标准，服务学生成长成才和就业创业，以立德树人为根本任务，融入课程思政，对接相关产业发展需求，将企业应用的新技术、新工艺和新规范融入教材之中。教材编写遵循技术技能人才成长规律和学生认知特点，适应相关专业人才培养模式创新和优化课程体系的需要，注重以真实生产项目以及典型工作任务、生产流程、工作案例等为载体开发教材内容体系，理论与实践有机融合，满足“做中学、做中教”的需要。

本系列教材是哈尔滨职业技术大学中国特色高水平高职学校项目建设的重要成果之一，也是哈尔滨职业技术大学教材改革和教法改革成效的集中体现。教材体例新颖，具有以下特色：

第一，教材研发团队组建创新。按照学校教材建设统一要求，遴选教学经验丰富、课程改革成效突出的专业教师担任主编，邀请相关企业作为联合建设单位，形成了一支学校、行业、企业和教育领域高水平专业人才参与的开发团队，共同参与教材编写。

第二，教材内容整体构建创新。精准对接国家专业教学标准、职业标准、职业技能等级标准，确定教材内容体系；参照行业企业标准，有机融入新技术、新工艺、新规范，构建基于职业岗位工作需要的，体现真实工作任务、流程的内容体系。

第三，教材编写模式及呈现形式创新。与课程改革相配套，按照“工作过程系统化”“项目+任务式”“任务驱动式”“CDIO 式”四类课程改革需要设计四种教材编写模式，创新新形态、活页式或工作手册式三种教材呈现形式。

第四，教材编写实施载体创新。根据专业教学标准和人才培养方案要求，在深入企业调研岗位工作任务和职业能力分析基础上，按照“做中学、做中教”的编写思路，以企业典型工作任务为载体进行教学内容设计，将企业真实工作任务、真实业务流程、真实生产过程纳入教材，开发了与教学内容配套的教学资源，以满足教师线上线下混合式教学的需要。同时，本系列教材配套资源在相关平台上线，可满足学生在线自主学习的需要，学生也可随时下载相应资源。

第五，教材评价体系构建创新。从培养学生良好的职业道德、综合职业能力、创新创业能力出发，设计并构建评价体系，注重过程考核和学生、教师、企业、行业、社会参与的多元评价，在学生技能评价上借助社会评价组织的“1+X”考核评价标准和成绩认定结果进行学分认定，每部教材根据专业特点设计了综合评价标准。为确保教材质量，哈尔滨职业技术大学组建了中国特色高水平高职学校项目建设成果编审委员会。该委员会由职业教育专家组成，同时聘请企业技术专家进行指导。学校组织了专业与课程专题研究组，对教材编写持续进行培训、指导、回访等跟踪服务，建立常态化质量监控机制，为修订、完善教材提供稳定支持，确保教材的质量。

本系列教材在国家骨干高职院校教材开发的基础上，经过几轮修改，融入了课程思政内容和“课堂革命”理念，既具教学积累之深厚，又具教学改革之创新，凝聚了校企合作编写团队的集体智慧。本系列教材充分展示了课程改革成果，力争为更好地推进中国特色高水平高职学校和专业建设及课程改革做出积极贡献！

哈尔滨职业技术大学

中国特色高水平高职学校项目建设系列教材编审委员会

2024 年 6 月

前　言

本书基于学习情境式的教学模式，与机械工业哈尔滨焊接技术培训中心、中国机械总院集团哈尔滨焊接研究所有限公司等多家单位合作，结合企业的生产实际与高职教育教学特点，力求体现高等职业教育特色。

本书采用学习情境、任务驱动的模式，以典型焊接结构件作为焊接载体，同时融入了现行的国家及行业标准来组织教材内容。

本书以空气储罐为载体，按照焊接的一般流程设计学习情境及工作任务，将焊条电弧焊过程按照工作流程进行分解，根据典型工作任务设置任务实施要求和学习内容，使学生能够系统地掌握焊条电弧焊的特点及重点，熟悉焊条电弧焊的基本过程，提高焊条电弧焊的操作水平。

本书配合课程考核贯穿于所有的工作任务，学生完成工作任务的情况都计入考核范围。采用多元评价的方式，同时配合教师评价、企业专家评价、学生互评和过程评价。

同时，本书还配有相应的数字教学视频，学生在学习过程中可登录 https://hzhj.36ve.com/index.php/login/login 微知库网站观看和下载。

本书包括四个学习情境，即焊条电弧焊焊前准备、焊条电弧焊平敷焊、焊条电弧焊 T 型平位角焊、低碳钢板对接焊，具体任务包括焊条电弧焊焊机的认识与调试、选择焊接材料、焊接平敷板的制备、平敷板焊接、T 型平角焊结构设计、T 型接头平位角焊接、低碳钢板对接平焊、低碳钢板对接横焊等。

教学实施建议：教学参考学时 48~96 学时，建议采用“教、学、做一体化”的教学模式；教学方法建议采用引导文法、头脑风暴法、小组讨论法等行动导向教学法。

本书由耿艳旭、李涛担任主编，赵成刚、孙闯、任立群、王一凌担任副主编。全书由耿艳旭负责统稿，由哈尔滨职业技术大学中国特色高水平高职学校项目建设系列教材编审委员会审定。

本书在编写过程中，与有关企业进行合作，得到了企业专家和专业技术人员的大力支持，吸收和采纳了他们许多宝贵的意见及建议，在此表示衷心的感谢。由于编者水平有限，书中难免存在疏漏和不当之处，恳请读者批评指正。

编　者

目　　录

学习情境1　焊条电弧焊焊前准备

【学习指南】

【情境导入】

某空气储罐生产企业对空气储罐上的焊缝质量有相应的要求,作为焊接人员按照检测标准及规定对该空气储罐焊缝加工进行技术分解,拆分为多个焊位的焊接作业。本学习情境对焊接准备工作进行提炼,作为焊接准备工序。工序内容包括:焊条电弧焊焊机的认识与调试,根据生产条件正确选择焊接材料,参照设备使用说明书正确启动、关闭焊接设备。焊接准备现场如图1-1所示。

图1-1　焊条电弧焊焊接准备现场

【学习目标】

知识目标:

1. 能够准确阐述焊接设备的工作原理及应用范围;
2. 能够准确阐述焊条的基本知识,包括原理和性质;
3. 能够准确说出焊条电弧焊焊机的铭牌信息所出示的参数信息;
4. 能够准确说出焊接设备各个部位的名称。

能力目标:

1. 能够按照焊接设备的安全操作规程启动、关闭设备;
2. 能够清点焊接设备各个部件,确认焊接设备工作状态;
3. 能够清点焊接设备,按要求进行安装和调试;

4. 能够识别焊条电弧焊焊机的型号,根据说明书计算其参数范围。

素质目标:

1. 树立成本意识、质量意识、创新意识;
2. 初步养成工匠精神、劳动精神;
3. 积极主动承担工作任务;
4. 注意人身安全和设备安全。

任务1 焊条电弧焊焊机的认识与调试

【任务工单】

<table>
<tr><td>学习领域</td><td colspan="6">焊条电弧焊</td></tr>
<tr><td>学习情境1</td><td colspan="2">焊条电弧焊焊前准备</td><td colspan="2">任务1</td><td colspan="2">焊条电弧焊焊机的认识与调试</td></tr>
<tr><td colspan="3">任务学时</td><td colspan="4">10</td></tr>
<tr><td colspan="7">布置任务</td></tr>
<tr><td>工作目标</td><td colspan="6">1. 掌握电弧基础知识;
2. 能读懂焊条电弧焊焊机的参数信息;
3. 会正确安装焊接设备,会调节焊条电弧焊焊机焊接电流;
4. 能识别、区分不同的焊接设备;
5. 能根据焊接安全、清洁和环境要求,严格按照焊接工艺完成作业</td></tr>
<tr><td>任务描述</td><td colspan="6">学生根据企业生产的相应要求,按照设备说明书识别焊条电弧焊焊机各个部分,安装焊接设备,调节焊条电弧焊焊机焊接电流</td></tr>
<tr><td>学时安排</td><td>资讯
4学时</td><td>计划
1学时</td><td>决策
1学时</td><td>实施
3学时</td><td>检查
0.5学时</td><td>评价
0.5学时</td></tr>
<tr><td>提供资料</td><td colspan="6">1.《国际焊接工程师培训教程》(2013版) 哈尔滨焊接技术培训中心;
2.《国际焊接技师培训教程》(2013版) 哈尔滨焊接技术培训中心;
3.《焊条电弧焊》 人力资源和社会保障部教材办公室主编,中国劳动社会保障出版社,2009年5月;
4.《焊条电弧焊》 侯勇主编,机械工业出版社,2018年5月;
5. 利用网络资源进行咨询</td></tr>
<tr><td>对学生的要求</td><td colspan="6">1. 掌握一定的焊接专业基础知识(焊接方法、工艺、生产流程),经历了专业实习,对焊接企业的产品及行业领域有一定的了解;
2. 具有独立思考、善于发现问题的良好习惯,能对任务书进行分析,能正确理解和描述目标要求;
3. 具有查询资料和市场调研能力,具备严谨求实和开拓创新的学习态度</td></tr>
</table>

资讯单

<table>
<tr><td>学习领域</td><td colspan="4">焊条电弧焊</td></tr>
<tr><td>学习情境 1</td><td colspan="2">焊条电弧焊焊前准备</td><td>任务 1</td><td>焊条电弧焊焊机的认识与调试</td></tr>
<tr><td colspan="3">资讯学时</td><td colspan="2">4</td></tr>
<tr><td>资讯方式</td><td colspan="4">在图书馆查询相关杂志、图书，利用互联网查询相关资料，咨询任课教师</td></tr>
<tr><td rowspan="24">资讯内容</td><td rowspan="14">知识点</td><td rowspan="6">焊条
电弧焊</td><td colspan="2">问题：什么是电弧？</td></tr>
<tr><td colspan="2">问题：电弧的温度有多高？</td></tr>
<tr><td colspan="2">问题：焊接电弧的能量来源是什么？</td></tr>
<tr><td colspan="2">问题：利用焊条电弧焊焊接时，熔滴受到哪些力的作用？</td></tr>
<tr><td colspan="2">问题：什么是电弧正接？什么是电弧反接？</td></tr>
<tr><td colspan="2">问题：电弧正接、反接有什么不同？焊 Q235 钢时用哪种接法好？焊铝合金用哪种接法好？</td></tr>
<tr><td rowspan="8">焊条电弧
焊焊机</td><td colspan="2">问题：请看一看该校使用的焊条电弧焊焊机属于哪种类型</td></tr>
<tr><td colspan="2">问题：请检查一下该校焊接设备铭牌是否完整</td></tr>
<tr><td colspan="2">问题：请检查一下该校焊接设备的电源结构属于哪种类型</td></tr>
<tr><td colspan="2">问题：请检查一下该校焊接设备的电源属于哪种外特性类型</td></tr>
<tr><td colspan="2">问题：如何安装一台 ZX5-400 型焊条电弧焊焊机？</td></tr>
<tr><td colspan="2">问题：面对一台焊条电弧焊焊机，你可以调试它吗？</td></tr>
<tr><td colspan="2">问题：试分析该校焊接设备铭牌上的信息。你能从中得到哪些信息？</td></tr>
<tr><td colspan="2">问题：如果我发现设备电缆接触不良，你可以帮我修理一下吗？</td></tr>
<tr><td rowspan="2">技能点</td><td colspan="3">完成焊条电弧焊焊机识别，计算出焊条电弧焊焊机电流调节范围</td></tr>
<tr><td colspan="3">以焊接生产车间为例，完成焊条电弧焊焊机的安装调试</td></tr>
<tr><td rowspan="3">思政点</td><td colspan="3">培养学生的爱国情怀和民族自豪感，做到爱国敬业、诚信友善</td></tr>
<tr><td colspan="3">培养学生树立质量意识、安全意识，认识到我们每一个人都是工程建设质量的守护者</td></tr>
<tr><td colspan="3">培养学生具有社会责任感和社会参与意识</td></tr>
<tr><td>学生需要
单独资询
的问题</td><td colspan="3"></td></tr>
</table>

【课前自学】

知识点1:焊条电弧焊基本知识

一、焊接电弧

电弧是在一定条件下电荷通过两电极间气体空间的一种导电过程,或者说是一种气体的放电过程(图1-2)。电弧是所有电弧焊接方法的能量载体。

图1-2 电弧状态

电弧焊是指利用电弧放电(俗称电弧燃烧)所产生的热量将焊条与工件互相熔化并在冷凝后形成焊缝,从而获得牢固接头的焊接过程。焊接时,利用电弧的特点,将电能转换为焊接所需的热能和机械能,从而达到连接金属的目的。

焊接电弧是指由电焊机供给的,具有一定电压的两电极间或电极与焊件间,在气体介质中产生的强烈而持久的放电现象。当焊条的一端与焊件接触时,会造成短路,产生高温,使相接触的金属很快熔化并产生金属蒸气。当焊条迅速提起2~4 mm时,在电场的作用下阴极表面开始产生电子发射。这些电子在向阳极高速运动的过程中,与气体分子、金属蒸气中的原子相互碰撞,导致介质和金属的电离。由电离产生的自由电子和负离子奔向阳极,正离子则奔向阴极。它们在运动过程中和到达两极时不断碰撞、复合,使动能变为热能,产生大量的光和热。其宏观表现是强烈而持久的电弧放电现象。

焊接电弧由阴极区、阳极区和弧柱区三部分组成。

(1)阴极区:在阴极的端部,是向外发射电子的部分。发射电子需消耗一定的能量,因此阴极区产生的热量不多,放出的热量占电弧总热量的36%左右。

(2)阳极区:在阳极的端部,是接收电子的部分。由于阳极受电子轰击和吸入电子,获得很高的能量,因此阳极区的温度和放出的热量比阴极高一些,约占电弧总热量的43%。

(3)弧柱区:是位于阳极区和阴极区之间的气体空间区域,长度相当于整个电弧长度。它由电子和正、负离子组成,产生的热量约占电弧总热量的21%。弧柱区的热量大部分通过对流、辐射散失到周围的空气中。

电弧中各部分的温度因电极材料不同而有所不同。如用碳钢焊条焊接碳钢焊件时,阴极区的温度约为2 400 ℃,阳极区的温度约为2 600 ℃,电弧中心的温度为5 000~8 000 ℃,如图1-3所示。

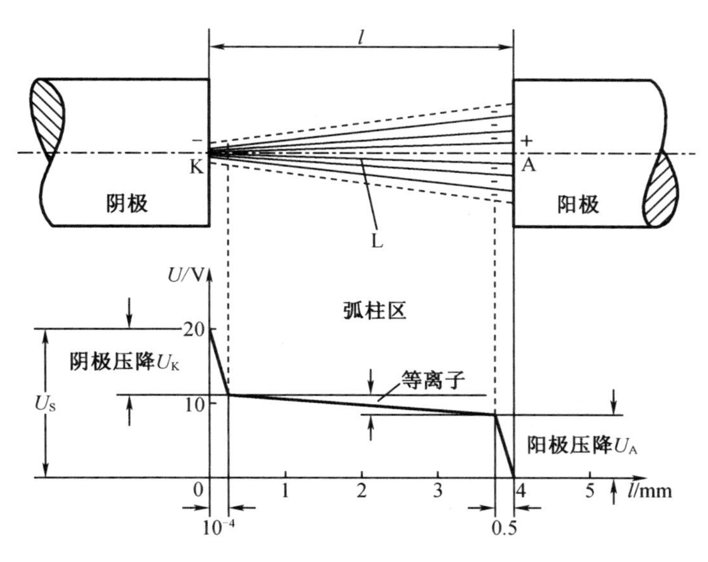

A—阳极区,温度可达约 2 400 ℃;K—阴极区,温度可达约 2 600 ℃;L—弧柱区,温度可达 5 000~8 000 ℃。

图 1-3　电弧温度区域示意图

随着电弧两电极间气体空间的导电状态发生变化,电弧的电压、电流也有一定规律的变化(图 1-4)。在电弧燃烧的过程中只有部分电弧燃烧状态适合应用。

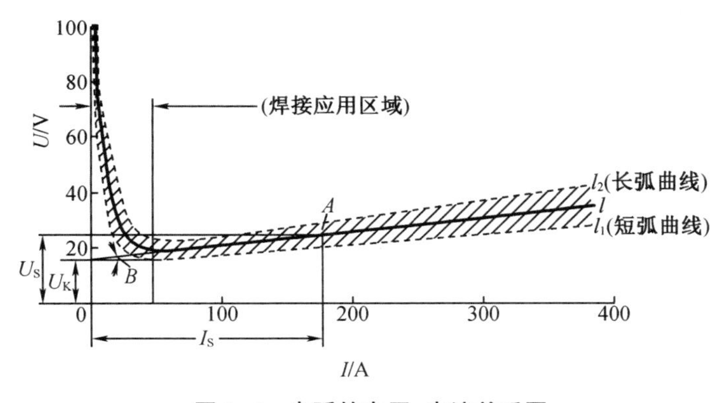

图 1-4　电弧的电压-电流关系图

焊接电弧的极性及应用:使用直流电焊设备时,焊接电弧正、负极上的热量不同,所以有正接和反接之分。所谓正接是指焊条接电源负极,焊件接电源正极,此时焊件获得热量多、温度高、熔池深、易焊透,适于焊厚件;所谓反接是指焊条接电源正极,焊件接电源负极,此时焊件获得热量少、温度低、熔池浅、不易焊透,适于焊薄件。如果焊接时使用交流电焊设备,由于电弧极性瞬时交替变化,因此两极加热一样,两极温度也基本一样,不存在正接和反接的问题。

二、焊条电弧焊原理

焊条电弧焊是工业生产中应用最广泛的焊接方法,它的原理是利用电弧放电(俗称电弧燃烧)所产生的热量将焊条与工件互相熔化并在冷凝后形成焊缝,从而获得牢固的接头,如图 1-5 所示。由于焊条电弧焊设备轻便,搬运灵活,因此可以在任何有电源的地方进行焊接作业,适用于各种厚度和结构形状的金属材料的焊接。

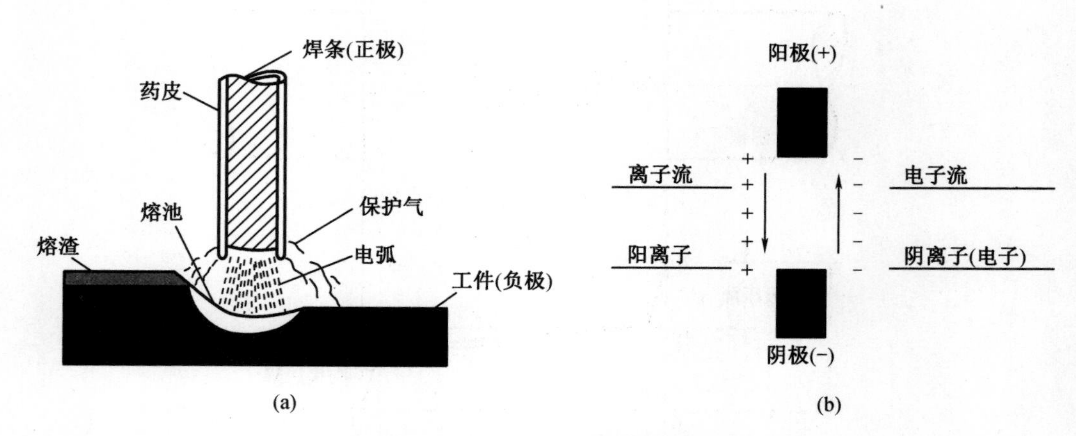

图 1–5 焊条电弧焊原理示意图

三、电弧的带电粒子的产生

在电弧燃烧的过程中会出现一些产生电弧的带电粒子的反应,如电离、热解离、电子发射等。

1. 电离

电离是指在一定条件下气体分子或原子分离为阳离子和电子的现象。主要有以下反应:

$$H \longrightarrow H^{+}+e^{-}$$

$$K \longrightarrow K^{+}+e^{-}+4\ eV(药皮成分)$$

$$Fe \longrightarrow Fe^{+}+e^{-}+7\ eV(金属芯)$$

常见气体粒子电离电压如表 1–1 所示。

表 1–1 常见气体粒子电离电压(一次电离)

元素	电离电压/V	元素	电离电压/V
He	24.5	Ca	6.1
C	11.3	Fe	7.9
O	13.5	W	8.0
K	4.3	Al	5.96
Cr	7.7	Ar	15.7

2. 热解离

热解离是指由于受热使一种物质发生离解作用,而转变成新物质的过程。主要有以下反应:

$$N_2 = N+N$$

$$H_2 = H+H$$

$$CO_2 = CO+O$$

3. 电子发射

当电极(阴极或阳极)表面受到外加能量作用时,电极中的电子可能冲破电极表面的约束而飞到电弧空间(图 1–6)。常见电子发射方式有粒子碰撞发射、热发射、电场发射。

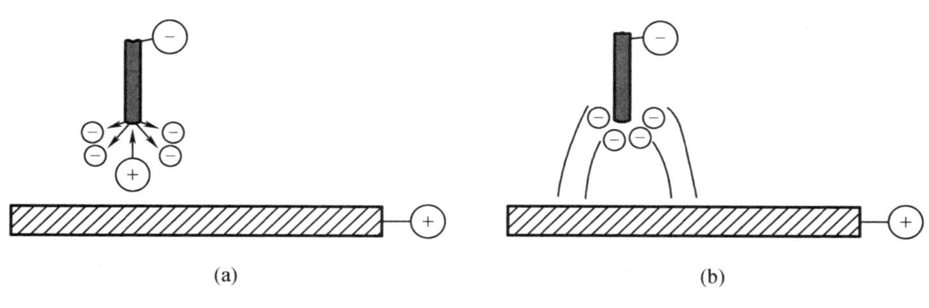

图 1-6　电子发射示意图

(1)粒子碰撞发射

粒子碰撞发射是指当高速运动的粒子(电子或离子)撞击金属(电极)表面时,将能量传递给金属(电极)表面电子,使其逸出的过程。

(2)热发射

热发射是指电极受热作用而产生电子发射的现象。

(3)电场发射

电场发射是指电子受电场力作用,飞出电场表面的现象(图 1-7)。使第一个电子飞出金属表面所需的最低外加能量称为逸出功。几种金属电子的逸出功如下:

$$Fe \longrightarrow Fe^{+}+e^{-}+4.8\ eV$$

$$Al \longrightarrow Al^{+}+e^{-}+4.0\ eV$$

$$Cu \longrightarrow Cu^{+}+e^{-}+4.8\ eV$$

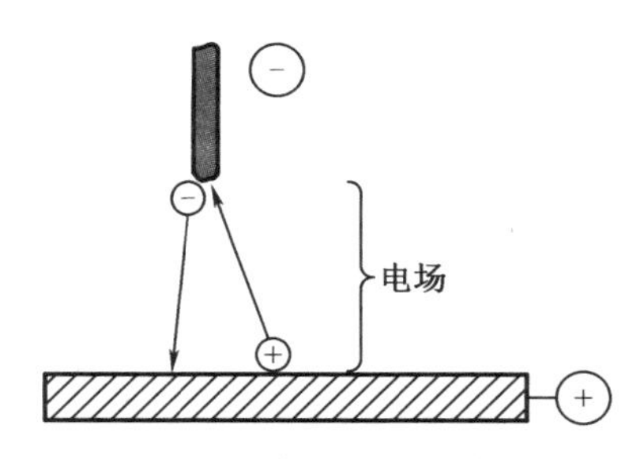

图 1-7　电场发射示意图

四、焊条电弧焊的特点

1. 焊条电弧焊的优点

(1)设备简单,维护方便。焊条电弧焊使用的交流和直流电焊机都比较简单,操作时不需要复杂的辅助设备,只需要配备简单的辅助工具。这些电焊机结构简单,价格低,维护方便,购置设备的投资少,这是焊条电弧焊被广泛应用的原因之一。

(2)不需要辅助气体防护。焊条不但能提供填充金属,而且在焊接过程中能够产生保护熔池和避免焊接处氧化的保护气体,并且具有较强的抗风能力。

(3)操作灵活,适应性强。焊条电弧焊适用于焊接单件或小批量的产品,短的和不规则的、空间任意位置的以及其他不易实现机械化焊接的焊缝。凡焊条能够达到的地方都能进行焊接,可达性好,操作十分灵活。

(4)应用范围广,适用于大多数工业用金属和合金的焊接。选用合适的焊条不仅可以焊接碳钢、低合金钢,而且还可以焊接高合金钢以及有色金属;不但可以焊接同种金属,而且可以焊接异种金属,还可以进行铸铁焊补和各种金属材料的堆焊等。

2. 焊条电弧焊的缺点

(1)对焊工操作技术要求高、焊工培训费用大。焊条电弧焊的焊接质量除靠选用合适的焊条、焊接工艺参数和焊接设备外,主要靠焊工的操作技术和经验来保证,即焊条电弧焊的焊接质量在一定程度上取决于焊工的操作技术。因此,必须经常进行焊工培训,所需要的培训费用很大。

(2)劳动条件差。焊条电弧焊主要靠焊工的手工操作和眼睛观察来完成,焊工的劳动强度大。并且焊工始终处于高温烘烤和有毒的烟尘环境中,劳动条件比较差,因此要加强劳动保护。

(3)生产效率低。焊条电弧焊主要依靠手工操作,并且焊接工艺参数选择范围小;焊接时要经常更换焊条,并要经常进行焊道熔渣的清理,与自动焊相比,焊接生产效率低。

(4)不适用特殊金属以及薄板的焊接。对于活泼金属和难溶金属,由于这些金属对氧的污染非常敏感,焊条的保护作用不足以防止这些金属被氧化,保护效果不够好,焊接质量达不到要求,所以不能采用焊条电弧焊。对于低熔点金属及其合金,由于电弧的温度对其来讲太高,因此也不能采用焊条电弧焊进行焊接。

五、焊条电弧焊的应用范围

(1)焊条电弧焊适用于全位置焊接,工件厚度在 3 mm 以上。

(2)焊条电弧焊可焊的金属有碳钢、低合金钢、不锈钢、耐热钢、铜及其合金;可焊但需要预热、后热或者两者兼用的金属有铸铁、高强度钢、淬火钢等;不能焊的金属有低熔点金属(如 Zn、Pb、Sn 及其合金)、难熔金属(如 Ti、Nb、Zr)等。

(3)焊条电弧焊适用于结构复杂的产品中空间位置各异、不易实现机械化或自动焊的焊缝,以及单件或小批量的焊接产品及安装或者修理部门。

知识点 2:焊条电弧焊焊机

焊条电弧焊焊机是利用正、负两极在瞬间短路时产生的高温电弧来熔化电焊条上的焊料和被焊材料,从而达到使它们结合的目的。焊条电弧焊焊机有时也被称为弧焊电源、弧焊变压器、弧焊发电机,顾名思义,焊条电弧焊焊机可以将常规使用的 220/380 V 交流电转变为低电压、大电流的直流电或交流电。焊条电弧焊焊机具有使电压急剧下降的特性。在焊条和工件之间施加电压,通过划擦或接触引燃电弧,用电弧的能量熔化焊条和加热母材。最简单的焊条电弧焊焊机仅包括弧焊电源和焊钳,焊条送进和焊钳沿焊缝移动则完全由焊工的手工操作来完成。

一、焊条电弧焊焊机简介

焊条电弧焊焊机就是通常所说的弧焊电源,它是向焊接电弧提供电能并对其进行控制的一种电能转换设备,为焊接电弧稳定燃烧提供所需要的合适的电流和电压。

1. 焊条电弧焊焊机要求

焊条电弧焊的电弧与一般的电阻负载不同,它在焊接的过程中是时刻变化的。因此,焊条电弧焊焊机除了具有一般电力电源的特点外,还需要满足以下要求:

(1)保证引弧容易;

(2)保证电弧稳定;

(3)保证焊接参数稳定;

(4)具有足够宽的焊接参数调节范围。

2. 焊条电弧焊焊机的特性

(1)电弧静特性：在电极材料、气体介质和弧长一定的情况下，电弧稳定燃烧时，焊接电流与电弧电压变化的关系称为电弧静特性。电弧静特性曲线(图 1-8)是在一定的电弧长度下，改变电弧电流，当电弧达到稳定燃烧状态时，所对应的电弧电压曲线，其中 a—b 段为下降特性段；b—c 段为水平特性段，c—d 段为上升特性段。

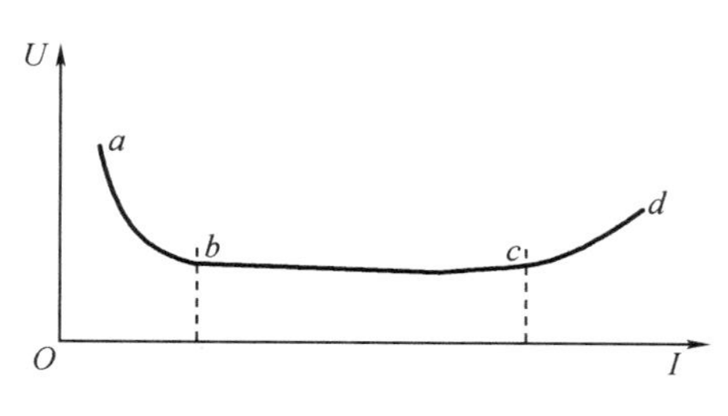

图 1-8　电弧静特性曲线

(2)焊条电弧焊焊机的外特性：在焊条电弧焊焊机参数一定的条件下，改变负载时，焊条电弧焊焊机输出电压稳定值 U 与输出电流稳定值 I 之间的关系称为焊条电弧焊焊机的外特性。焊条电弧焊焊机外特性曲线如图 1-9 所示。

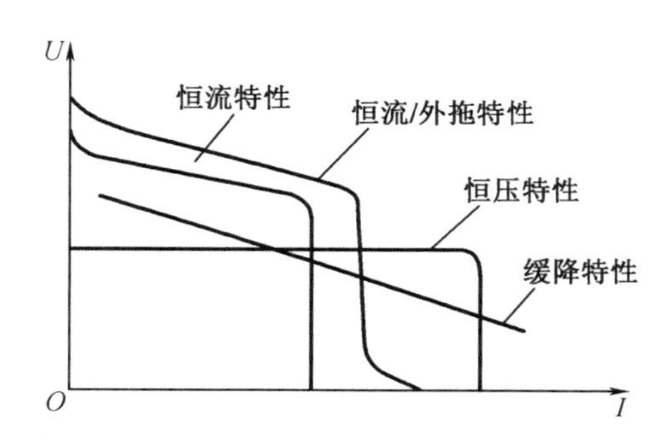

图 1-9　焊条电弧焊焊机外特性曲线

二、焊条电弧焊焊机的种类

按产生电流种类不同，焊条电弧焊焊机可分为直流弧焊机和交流弧焊机两大类。

1. 直流弧焊机

直流弧焊机可分为两类：直流弧焊发电机和弧焊整流器。

(1)直流弧焊发电机

直流弧焊发电机由交流电动机和弧焊发电机组成，电动机带动发电机运转，从而发出满足焊接要求的直流电。该直流电特点是电流稳定，因此引弧容易、电弧稳定、焊接质量好，但是构造复杂、制造和维修较困难、成本高、使用时噪声大。因此，该设备一般只用在对电流有特殊要求的场合。

直流弧焊发电机分为裂极式(AX-320)、差复励式(AX1-500、AX7-500)和换向极去磁式(AX4-300)。直流弧焊发电机具有引弧容易、电弧稳定、过载能力强等优点；其缺点是效率低、空载损耗大、噪声大、造价高、维修难。在我国目前大力提倡节约能源的要求下，直流弧焊发电机因其高能耗、高噪声污染、高维护成本等缺点的限制，一般很少在生产中使用。

常用的直流弧焊发电机如图 1-10 所示。

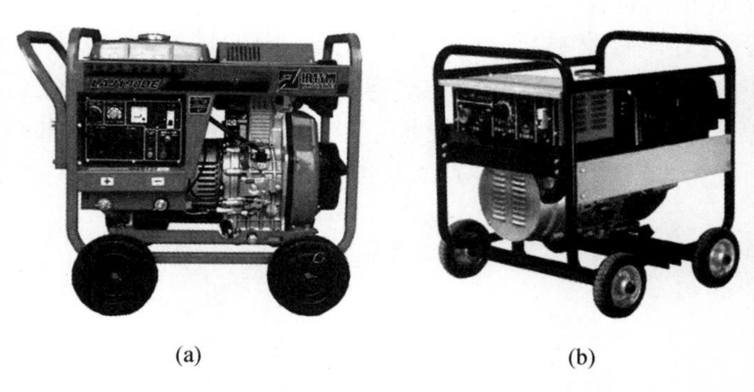

(a)　　(b)

图 1-10　直流弧焊发电机

(2)弧焊整流器

弧焊整流器与直流弧焊发电机相比具有制造方便、价格低、空载损耗少、噪声小等优点,而且大多数弧焊整流器可以远距离调节焊接参数,能自动补偿电网电压波动输出对输出电压和电流的影响。弧焊整流器可分为硅弧焊整流器、晶闸管式弧焊整流器和弧焊逆变器,如图 1-11 所示。

(a) 硅弧焊整流器

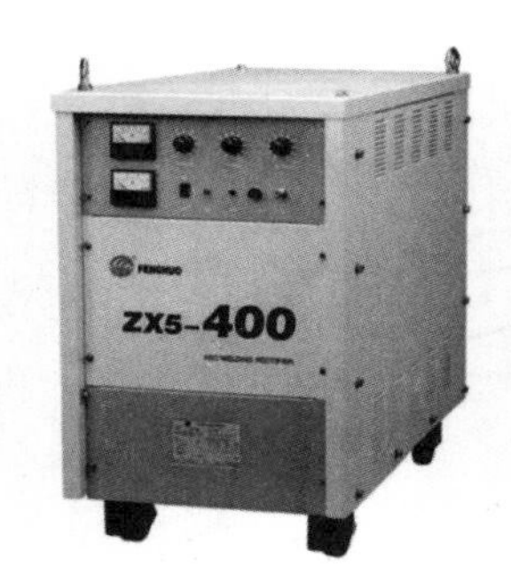

(b) 晶闸管式弧焊整流器

(c) 弧焊逆变器

图 1-11　弧焊整流器

硅弧焊整流器由三相变压器和硅整流器组成。交流电源经过降压和硅二极管的桥式全波整流输出直流电,可通过电抗器(交流电抗器或磁饱和电抗器)调节焊接电流,达到陡降的外特性。

晶闸管式弧焊整流器用晶闸管作为整流元件。由于晶闸管具有良好的可控性,因此焊条电弧焊焊机外特性、焊接参数的调节,都可以通过改变晶闸管的触发延迟角来实现。它的性能优于硅弧焊整流器,目前已成为一种主要的直流弧焊机。我国生产的晶闸管式弧焊整流器有 ZX5 系列和 ZDK-500 型等。

弧焊逆变器可将 50 Hz 的交流网路电压先经过整流器和滤波器变为直流电,随后再经过大功率电子开关元件的交替开关作用,将直流电变为几千或几万赫兹的交流电,同时经变压器降至适合焊接的电压,然后再次整流并经电抗滤波输出相当平稳的直流焊接电流。弧焊逆变器高效节能、体积小、功率因数高、焊接性好,是一种最有发展前途的普及型焊条电弧焊焊机。目前我国生产的弧焊逆变器主要有晶闸管、绝缘栅双极晶体管(IGBT)、场效应晶体管三种电子器件的弧焊逆变器,产品有 ZX7 系列(如 ZX7-400、ZX7-315ST 等)。

2. 交流弧焊机

交流弧焊机一般称为交流弧焊变压器，实际上是符合焊接要求的降压变压器，与普通电力变压器相比，其区别在于：为了保证电弧引燃并能稳定燃烧和得到陡降的外特性，常用的交流弧焊变压器必须具有较大的漏感，而普通变压器的漏感很小。根据增大漏感的方式和其结构特点，交流弧焊机有动铁心式（BX1－200、BX1－300、BX1－500）、动绕组式（BX3－300、BX3－500）和抽头式（BX6－120）等类型。它将 220 V 或 380 V 的电源电压降到 60～80 V，从而既能满足引弧的需要，又能保证人身安全。焊接时，电压会自动下降到电弧正常工作时所需的工作电压 20～30 V，满足了电弧稳定燃烧的要求。输出电流是交流电，可根据焊接的需要，将电流从几十安培调到几百安培。交流弧焊机具有结构简单、制造方便、成本低、节省材料、使用可靠和维修容易等优点，缺点是电弧稳定性不如直流弧焊机，对有些种类的焊条不适用。交流弧焊机如图 1－12 所示。

图 1－12　交流弧焊机

焊条电弧焊焊接设备的空载电压一般为 50～90 V，而人体所能承受的安全电压为 30～45 V，由此可见，手工电弧焊焊接设备具有触电危险性，施焊时操作人员必须穿戴好劳保用品。

三、焊条电弧焊焊机铭牌信息识别

根据 IEC 60974－1：2021 标准，焊条电弧焊焊机铭牌信息包括以下 3 部分内容（图 1－13）：

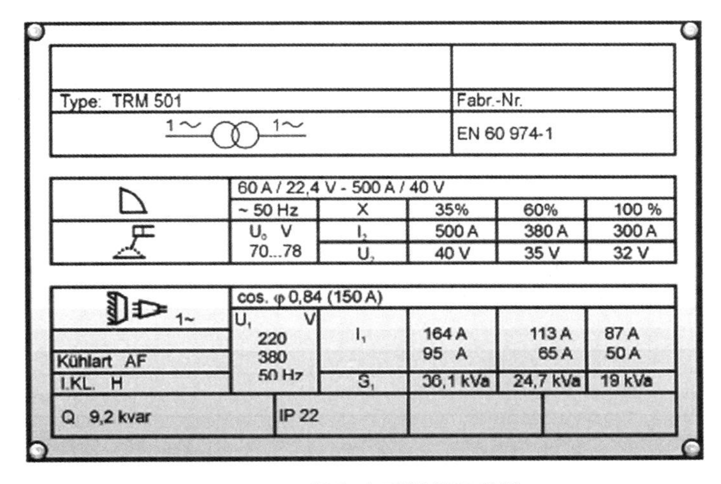

图 1－13　焊条电弧焊焊机铭牌

(1)上部分:制造厂家名称、编号及其他重要焊接信息;

(2)中间部分:焊条电弧焊焊机电路数据;

(3)下部分:网路数据。

1. 上部分内容

焊条电弧焊焊机电源结构类型如表 1-2 所示。

表 1-2　焊条电弧焊焊机电源结构类型表

电源类型		符号
焊接变压器	——抽头式变压器 ——动铁心式变压器 ——磁放大器式变压器	 1~　1~
焊接整流器	——抽头式整流器 ——动铁心式整流器 ——磁放大器式整流器 ——可控硅整流器 ——模拟式整流器	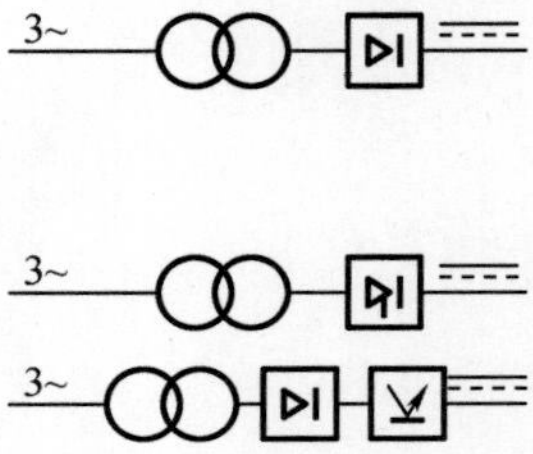 3~ 3~ 3~
晶体管电源	——一次脉冲电源 ——二次脉冲电源	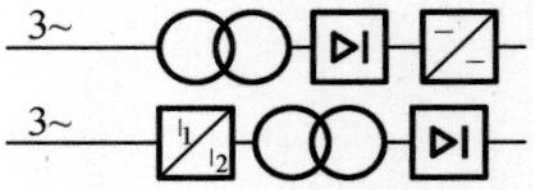 3~ 3~
焊接变流器	——三相电动发电机 ——内燃发电机	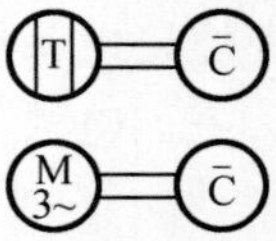 T　C̄ M 3~　C̄

2. 中间部分内容

(1)焊条电弧焊焊机的外特性

焊条电弧焊焊机的外特性也叫伏安特性,表示的是规定范围内电源稳态输出电流与输出电压的关系。外特性曲线反映焊条电弧焊焊机的功率大小,焊条电弧焊焊机的外特性曲线形状除了影响“电源-电弧”系统的稳定性(电弧静特性曲线与电源外特性曲线相交点应是稳定工作点)外,还关系着焊接参数的稳定。因此,一定形状的焊接电弧静特性曲线需选择适当形状的焊条电弧焊焊机外特性与之相配合,才能既满足系统的稳定性要求,又保证焊接工艺参数的稳定性。焊条电弧焊焊机的外特性类型如表 1-3 所示。焊条电弧焊焊机的外特性在铭牌上的具体位置如图 1-14 所示。

(2)暂载率(合闸时间)

暂载率在铭牌上的位置如图 1-15 所示。

表 1–3　焊条电弧焊焊机的特性类型表

外特性	下降特性				平特性		双阶梯特性
图形	U/V O I/A	U/V O I/A	U/V O I/A	U/V O I/A	U/V O I/A	U/V O I/A	U/V O I/A
特性	在运行范围内 U_R/I_R≈常数，又称垂直下降特性或恒流特性	图形接近 1/4 椭圆，又称陡降特性。其焊接电流变化较恒流特性大	图形接近一斜线，又称缓降特性	在运行范围内恒流带外拖，外拖的斜率和拐点可调节	在运行范围内 U≈常数，恒压特性，有时电压稍有下降	随电流的增加电压稍有增高，有时称上升特性	由└型和┐型外特性切换而成的双阶梯外特性
一般应用范围	钨极氩弧焊、非熔化极等离子弧焊等	一般焊条电弧焊、变速送丝埋弧焊、粗丝气保焊等	一般焊条电弧焊，特别适合立焊、仰焊、粗丝 CO_2 焊、埋弧焊等	一般焊条电弧焊	等速送丝的粗丝气体保护焊和细丝埋弧焊等	等速送丝的细丝气体保护焊（包括水下焊）	熔化极脉冲弧焊，微机控制、数字化控制的脉冲自动弧焊等

1～
60 A /
~ 50 H
U_0
70.

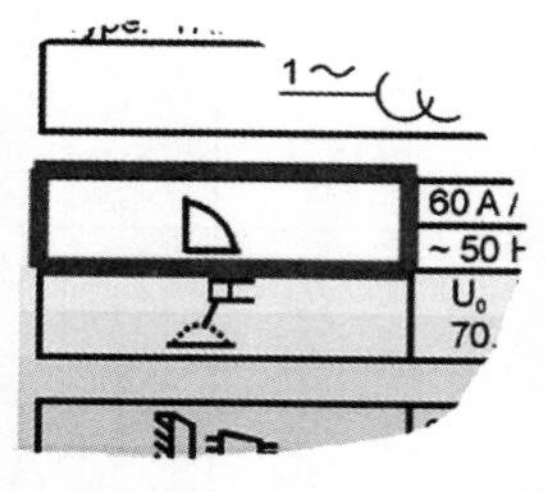

图 1-14　焊条电弧焊焊机的外特性位置

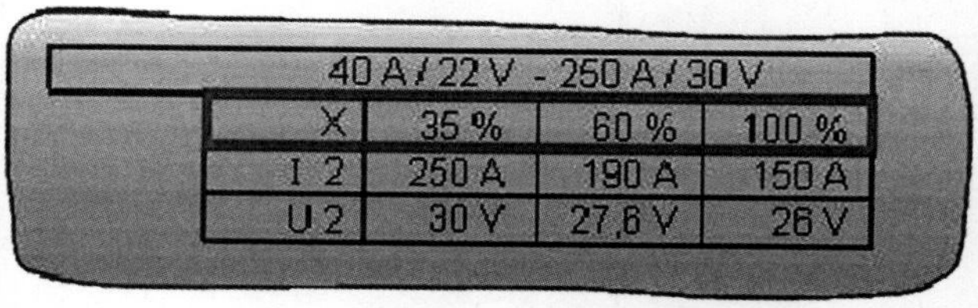

40 A / 22 V - 250 A / 30 V
X
35 %
60 %
100 %
I 2
250 A
190 A
150 A
U 2
30 V
27,6 V
26 V

图 1-15　暂载率位置

当采用铭牌中的最大焊接电流时，其焊接时间应有所限制，否则焊条电弧焊焊机的电子器件会因过载而发热。温度限制由绝缘等级而定。为避免焊接设备过热，焊接电流的大小取决于合闸时间（焊接时间）。

$$暂载率(ED)=\frac{焊接时间}{工作周期}\times 100\%$$

暂载率为 100%时，焊接电流与温度的关系曲线如图 1-16 所示。

焊接电流
I_S/A
150
焊接时间
0
10
t/min
电源内部温度
T/°C
155
0
10
t/min

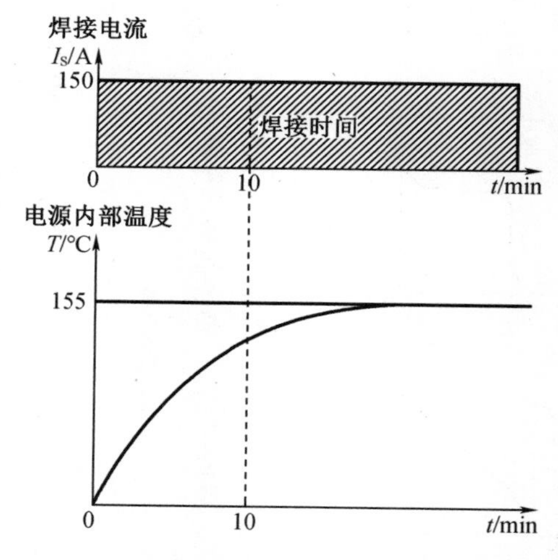

图 1-16　暂载率为 100%时焊接电流与温度的关系曲线图

工作周期包括焊接时间和间歇时间，焊条电弧焊焊机的工作周期为 10 min，而电阻焊的工作周期为 1 min。由上述暂载率公式可求出焊接电流：

$$I_S=I_D\cdot\sqrt{\frac{100\%}{ED}}$$

式中，I_S 为焊接电流；I_D 为持续电流。

带有下降特性的焊条电弧焊焊机，通常其暂载率规定为 35%、60%和 100%。焊条电弧焊额定暂载率为 60%。作为机械焊电源，例如 MSG 电源，一般其电弧引燃时间较长，在铭牌上往往规定暂载率为 60%和 100%，而额定暂载率为 100%。

（3）空载电压

所谓空载电压是指焊条电弧焊焊机启动后在电弧引燃之前的二次电压。焊条电弧焊焊机铭牌上的空载电压位置如图 1-17 所示。

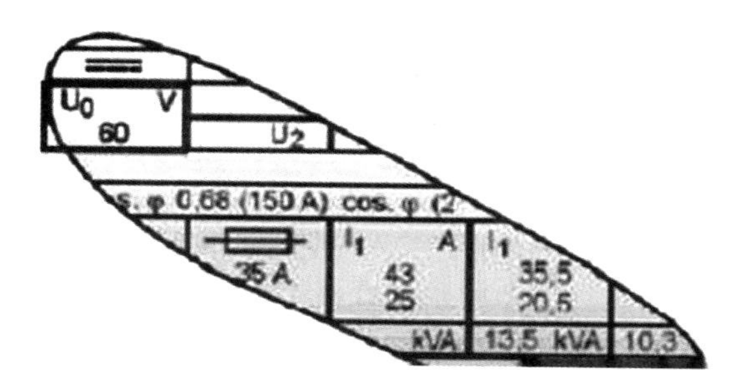

图 1-17　空载电压位置

3. 下部分内容

(1)网路的接通功率因数

功率因数(cos φ)表示功率(S,kW)转换为有效功率(P,kW)时的转换比例,3 种主要焊条电弧焊焊机的功率因数如下:

焊接变压器:0. 4~0. 8;

焊接整流器:0. 8~0. 95;

晶体管电源:0. 9~0. 99。

焊条电弧焊焊机铭牌上的功率因数位置如图 1-18 所示。

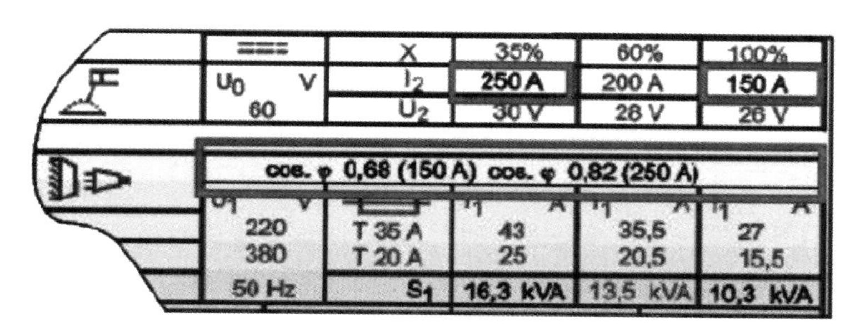

图 1-18　功率因数位置

(2)冷却种类

冷却种类“AF”(以前为“F”)是指在最大允许功率下,焊条电弧焊焊机元器件(如变压器、功率分配器(二极管、晶体管))是采用电风扇进行冷却的。焊条电弧焊焊机的冷却种类亦与其类型和周围环境有关,但在室内工作条件下,焊条电弧焊焊机冷却通风必须经空气过滤器净化。如果焊条电弧焊焊机的元器件放置的空间相当大且具有足够的冷却面积时可采用自然通风冷却而不必再利用风扇冷却,这种冷却种类标识为 Kühlart S。焊条电弧焊焊机铭牌上的冷却种类位置如图 1-19 所示。

(3)保护种类

保护种类的数字代表在有电压时处于危险状态(如浸水条件)下防触电保护的等级。此处数字 2×代表可防止直径大于 12 mm 的固体进入焊机内部,×1 表示可防止垂直下落的水滴浸入焊机内部,×3 表示可防止与垂直线成 60°角之内的水滴浸入焊机。按照 DIN VDE 0544-1 中 10. 91 的要求,在野外作业的焊条电弧焊焊机最低保护等级为 IP 23。图 1-20 所示的保护种类为 IP 21,即可防止直径大于 12 mm 的固体进入焊机内部,可防止垂直下落的水滴浸入焊机内部。

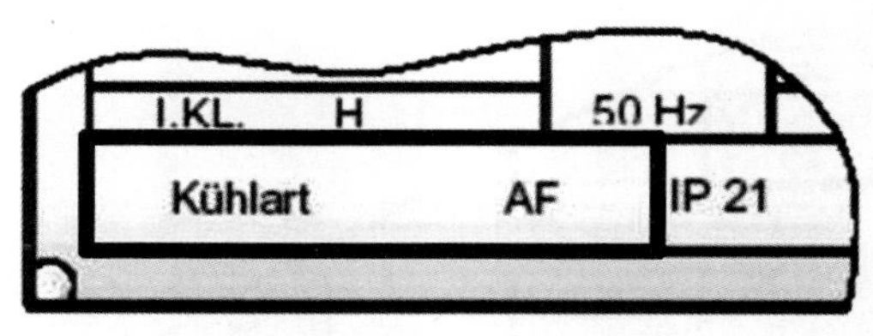

图 1-19　冷却种类位置

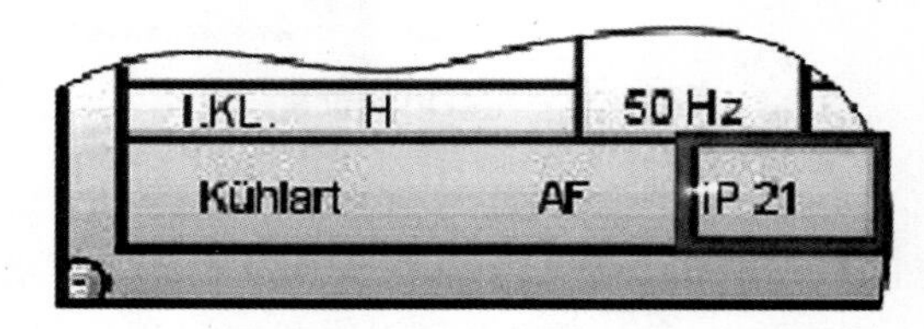

图 1-20　保护种类位置

四、焊条电弧焊焊机安装、调试与使用

1. 焊条电弧焊焊机的安装

(1)安装前检查

①绝缘检查

a. 新的或长期搁置的焊条电弧焊焊机，在安装前必须采用手风器(俗称“皮老虎”)或压缩空气吹去灰尘，然后检查其绝缘电阻。一般用 500 V 绝缘电阻表进行测定，测定要求为：一次线圈和二次线圈的绝缘电阻应不小于 1 MΩ，二次线圈和电流调节器线圈的绝缘电阻应不小于 0.5 MΩ。

b. 在测定时，如果绝缘电阻表指针为 0，则表示线圈与铁心、外壳间短路，应设法消除。若绝缘电阻表指针不为 0，但又达到绝缘电阻值时，则说明焊条电弧焊焊机线圈受潮，可将其放在干热的环境中。例如靠近热烘或电炉等处，使其被烘干，待绝缘电阻恢复正常值后方可使用。

②整机及附件检查

新的焊条电弧焊焊机经长途运输受到震动，容易在内部出现某些损坏。因此，在安装前先要检查其内部各接线端是否连接良好，有无松动；外部接线螺栓、螺母是否齐全完好；面板上各旋钮是否齐全、灵活；调节范围有无死区等。若发现故障，则应在焊条电弧焊焊机安装前及时排除。对于新的焊条电弧焊焊机，还应根据装箱清单仔细检查机器附件是否齐全。

(2)安装

①固定式焊条电弧焊焊机动力线的安装

将选择好的熔断器和空气开关装在电气柜上，电气柜固定在墙上，并接入具有足够容量的电网。用选好的动力线将焊条电弧焊焊机输入端与电气柜进行接线时，应注意焊条电弧焊焊机铭牌上所标的一次电压值。一次电压有 380 V、220 V、380/220 V 两用，必须使线路电压与焊条电弧焊焊机额定电压一致。在几台焊条电弧焊焊机同时安装时，还应注意电网的相负载平衡。

②移动式焊条电弧焊焊机临时动力线的安装

在室外工作的移动式焊条电弧焊焊机，经常要架临时动力线。为保证安全用电，临时动力线除应具备合适的容量外，还要绝缘良好、机械强度高，一般采用橡胶护套软电缆。临时动力线应尽量架空敷设，可沿现场建筑物、构架、管等架设。如果沿地面敷设，应加以保护，如盖上木槽板或穿入管道内等。另外，临时动力线应尽量短，还应有开关控制，上班合闸、下班拉闸，焊接工作完成后应及时拆除。

③接地线的安装

为了防止焊接电源绝缘损坏而引起触电事故，焊条电弧焊焊机外壳必须可接地。接地线应选用单独的多股软线，其截面积不小于相线截面积的二分之一。接地线与机壳的连接点应保证接触良好、连接牢固。

④焊接电缆的安装

在安装焊接电缆之前，必须先将电缆铜接头、焊钳或地线夹钳可靠地装在焊接电缆两端。电缆铜接头要牢牢卡在电缆端部的铜线上，并且要灌锡，以保证接触良好和具有一定的结合强度。

(3)安装后检查

电焊机安装后，须经试焊检验后方可交付使用。在接线完毕、检查无误后，先接通电源，用手背接触焊条电弧焊焊机外壳，若感到轻微振动，则表示焊条电弧焊焊机一侧线圈已通电，此时焊条电弧焊焊机输出端应有正常空载电压(60~80 V)。然后将焊接电流调到最大和最小，分别进行试焊，检验焊条电弧焊焊机电流调节范围是否正常、可靠。在试焊中，应观察焊条电弧焊焊机是否有异味、冒烟、噪声等现象。如有上述异常现象发生，应及时停机检查、排除故障。经检查及试焊后，确定焊条电弧焊焊机工作正常，方可投入使用，至此焊条电弧焊焊机安装工作完成。

2. 焊条电弧焊焊机的调试与使用

正式焊接前，通过焊条电弧焊焊机面板上的旋钮可以对焊接电流、引弧电流、推力电流等焊接参数进行调节，以适应焊接工艺。在焊条电弧焊焊机面板上调整好焊接电流、推力电流等焊接参数后试焊，如果焊接电弧稳定燃烧、引弧和熄弧容易，则说明焊条电弧焊焊机调试完好。平时工作生产中要正确地使用和维护焊条电弧焊焊机，这样不仅可以保证其正常工作，而且还能延长其使用寿命。焊接设备在使用过程中应该注意以下几个问题：

(1)焊接操作前，应仔细检查各部分的线路是否连接正确，尤其是焊接电缆的接头处是否拧紧，以防过热或烧损。

(2)空载运行时，留意观察焊条电弧焊焊机的冷却情况，一般情况下，焊条电弧焊焊机采用风扇冷却。如果冷却系统不能正常工作，应停机检查，以免烧损内部电子元件。

(3)焊条电弧焊焊机接入电网后或进行焊接操作时，不得随意移动或打开机盖，以免触电。

【任务实施】

一、工作准备

1. 设备与工具

焊条电弧焊焊机主机、电弧焊焊枪、焊条电弧焊焊机说明书、安全护具(电焊帽、口罩、焊接手套、焊接工作服)、辅助工具(护目镜、通针、扳手、点火枪、钢丝刷、钢丝钳等)。

2. 焊接材料

J402 焊条或者 J507 焊条。

3. 试件

Q235 钢板。

二、工作程序

1. 组装焊条电弧焊焊机

准备焊条电弧焊焊机说明书,查找对应各个部件的位置,做好设备安装、组装。

2. 检查铭牌

结合焊条电弧焊焊机铭牌,分析焊条电弧焊焊机的使用条件和基本参数,确定设备类型、功率、使用信息,并做好记录。

3. 准备调试试板

50 mm 的钢板表面用砂轮机打磨或用火焰去除钢板表面的铁锈、鳞片、油污等。

4. 设备调试

起弧调试设备,使用电流表测试焊条电弧焊焊机燃弧时的电流。观察不同品牌焊条电弧焊焊机的空载电压,计算不同焊条电弧焊焊机使用时的电流数据。

5. 调试完毕整理

关闭焊条电弧焊焊机设备,配件摆放到指定位置,工件按规定堆放,清扫场地,保持整洁。最后要确认设备断电、高温试件附近无可燃物等有可能引起火灾、爆炸的隐患后,方可离开。

【做一做】

一、判断题

1. 每台焊条电弧焊焊机都应通过单独的分断开关与馈电系统连接。 (　　)

2. 焊工是操作焊机或焊接设备进行金属工件焊接的人员。 (　　)

3. 焊工施焊时,若电缆线太长,可以将电缆缠在身上。 (　　)

4. 焊条电弧焊焊机使用过程中,调节送粉量和焊接速度,可控制堆焊层的厚度。 (　　)

5. 在有多台焊条电弧焊焊机工作的场地,当水源压力太低或不稳定时,应设置专用冷却水循环系统。 (　　)

二、单选题

1. 焊条电弧焊焊机的安装、修理和检查应由________进行。

A. 焊接检验工　　B. 焊接技术员

C. 电工　　D. 焊接工程师

2. 焊条电弧焊焊机与墙间至少应留________宽的通道。

A. 0.5 m　　B. 1 m　　C. 无所谓

【焊条电弧焊焊机的认识与调试工作单】

计划单

<table>
<tr><td>学习领域</td><td colspan="4">焊条电弧焊</td></tr>
<tr><td>学习情境 1</td><td>焊条电弧焊焊前准备</td><td colspan="2">任务 1</td><td>焊条电弧焊焊机的认识与调试</td></tr>
<tr><td>工作方式</td><td>组内讨论、团结协作,共同制订计划,小组成员进行工作讨论,确定工作步骤</td><td colspan="2">学时</td><td>1</td></tr>
<tr><td colspan="2">完成人</td><td colspan="3">1.　　2.　　3.　　4.　　5.　　6.</td></tr>
<tr><td colspan="5">计划依据:1. 焊条电弧焊焊机说明书;2. 小组分配的工作任务</td></tr>
<tr><td>序号</td><td colspan="3">计划步骤</td><td>具体工作内容描述</td></tr>
<tr><td></td><td colspan="3">准备工作
(准备焊条电弧焊焊机、配件、说明书,谁去做?)</td><td></td></tr>
<tr><td></td><td colspan="3">组织分工
(成立组织,人员具体都完成什么工作?)</td><td></td></tr>
<tr><td></td><td colspan="3">设备焊前检查
(检查什么内容?)</td><td></td></tr>
<tr><td></td><td colspan="3">焊条电弧焊焊机调试
(如何调试?)</td><td></td></tr>
<tr><td></td><td colspan="3">设备状态记录
(谁去记录?记录什么内容?)</td><td></td></tr>
<tr><td></td><td colspan="3">整理资料
(谁负责?整理什么内容?)</td><td></td></tr>
<tr><td>制订计划说明</td><td colspan="4">写出制订计划中人员为完成不同品牌或型号焊条电弧焊焊机测试调试任务的分工或可以执行的步骤,以及重点需要关注步骤的哪一方面</td></tr>
<tr><td>计划评价</td><td colspan="4">评语:</td></tr>
<tr><td>班级</td><td></td><td>第　　组</td><td>组长签字</td><td></td></tr>
<tr><td>教师签字</td><td colspan="2"></td><td>日期</td><td></td></tr>
</table>

决策单

<table>
<tr><td>学习领域</td><td colspan="6">焊条电弧焊</td></tr>
<tr><td>学习情境 1</td><td colspan="3">焊条电弧焊焊前准备</td><td>任务 1</td><td colspan="2">焊条电弧焊焊机的认识与调试</td></tr>
<tr><td>决策目的</td><td colspan="3">焊条电弧焊焊机的零部件识别与调试范围测试,具体工艺参数调试</td><td>学时</td><td colspan="2">0.5</td></tr>
<tr><td colspan="4">方案讨论</td><td>组号</td><td colspan="2"></td></tr>
<tr><td rowspan="16">方案决策</td><td>组别</td><td>步骤
顺序性</td><td>步骤
合理性</td><td>实施可
操作性</td><td>选用工具
合理性</td><td>方案综合评价</td></tr>
<tr><td>1</td><td></td><td></td><td></td><td></td><td></td></tr>
<tr><td>2</td><td></td><td></td><td></td><td></td><td></td></tr>
<tr><td>3</td><td></td><td></td><td></td><td></td><td></td></tr>
<tr><td>4</td><td></td><td></td><td></td><td></td><td></td></tr>
<tr><td>5</td><td></td><td></td><td></td><td></td><td></td></tr>
<tr><td>1</td><td></td><td></td><td></td><td></td><td></td></tr>
<tr><td>2</td><td></td><td></td><td></td><td></td><td></td></tr>
<tr><td>3</td><td></td><td></td><td></td><td></td><td></td></tr>
<tr><td>4</td><td></td><td></td><td></td><td></td><td></td></tr>
<tr><td>5</td><td></td><td></td><td></td><td></td><td></td></tr>
<tr><td>1</td><td></td><td></td><td></td><td></td><td></td></tr>
<tr><td>2</td><td></td><td></td><td></td><td></td><td></td></tr>
<tr><td>3</td><td></td><td></td><td></td><td></td><td></td></tr>
<tr><td>4</td><td></td><td></td><td></td><td></td><td></td></tr>
<tr><td>5</td><td></td><td></td><td></td><td></td><td></td></tr>
<tr><td>方案评价</td><td colspan="6">评语:</td></tr>
</table>

班级		组长签字		教师签字		日期	

工具单

场地准备	教学仪器(工具)准备	资料准备
一体化焊接生产车间	不同品牌或型号的焊条电弧焊焊机若干、焊接配件若干、安全防护用品若干、电流表1块	焊接设备的使用说明书；班级学生名单

作业单

学习领域	焊条电弧焊		
学习情境1	焊条电弧焊焊前准备	任务1	焊条电弧焊焊机的认识与调试
参加焊条电弧焊焊前准备人员	第　　组		学时
			1
作业方式	小组分析,个人解答,现场批阅,集体评判		

序号	工作内容记录 (焊条电弧焊焊机调试检查的实际工作)	分工 (负责人)

小结	主要描述完成的成果及是否达到目标	存在的问题

班级		组别		组长签字	
学号		姓名		教师签字	
教师评分		日期			

检查单

学习领域	焊条电弧焊		
学习情境 1	焊条电弧焊焊前准备	学时	20
任务 1	焊条电弧焊焊机的认识与调试	学时	10

序号	检查项目	检查标准	学生自查	教师检查
1	准备工作	任务书阅读与分析能力,正确理解及描述目标要求		
2	分工情况	与同组同学协商,确定人员分工		
3	查阅资料能力,调研设备市场	查阅资料能力,市场调研能力		
4	归纳分析	资料的阅读、分析和归纳能力		
5	团队合作	焊条电弧焊设备的检查与调试		
6	创新意识	安全生产与环保		
7	质量分析	事故的分析诊断能力		
8	拆解任务步骤	任务书阅读与分析能力,正确理解及描述目标要求		
检查评价	评语:			

班级		组别		组长签字	
教师签字				日期	

评价单

学习领域	焊条电弧焊						
学习情境 1	焊条电弧焊焊前准备		任务 1		焊条电弧焊焊机的认识与调试		
评价学时			课内 0.5 学时				
班级			第　　组				
考核情境	考核内容及要求	分值	学生自评（10%）	小组评分（20%）	教师评分（70%）	实际得分	
计划编制（20 分）	资源利用率	4					
	工作程序的完整性	6					
	步骤内容描述	8					
	计划的规范性	2					
工作过程（40 分）	保持焊接设备及配件的完整性	10					
	焊接质量及安全作业的管理	20					
	质检分析的准确性	10					
团队情感（25 分）	核心价值观	5					
	创新性	5					
	参与率	5					
	合作性	5					
	劳动态度	5					
安全文明（10 分）	工作过程中的安全保障情况	5					
	工具正确使用和保养、放置规范	5					
工作效率（5 分）	能够在要求的时间内完成，每超时 5 min 扣 1 分	5					
总分		100					

小组成员评价单

学习领域	焊条电弧焊			
学习情境 1	焊条电弧焊焊前准备	任务 1	焊条电弧焊焊机的认识与调试	
班级		第　　组	成员姓名	
评分说明	每个小组成员评价分为自评和小组其他成员评价两部分，取平均值，作为该小组成员的任务评价个人分数。评价项目共设计 5 个，依据评分标准给予合理量化打分。小组成员自评后，要找小组其他成员以不记名方式打分			

表(续1)

对象	评分项目	评分标准	评分
自评(100分)	核心价值观(20分)	是否有违背社会主义核心价值观的思想及行动	
	工作态度(20分)	是否按时完成负责的工作内容、遵守纪律,是否积极主动参与小组工作,是否全过程参与,是否吃苦耐劳,是否具有工匠精神	
	交流沟通(20分)	是否能良好地表达自己的观点,是否能倾听他人的观点	
	团队合作(20分)	是否与小组成员合作完成任务,做到相互协作、互相帮助、听从指挥	
	创新意识(20分)	看问题是否能独立思考,提出独到见解,是否能够利用创新思维解决遇到的问题	
成员1(100分)	核心价值观(20分)	是否有违背社会主义核心价值观的思想及行动	
	工作态度(20分)	是否按时完成负责的工作内容、遵守纪律,是否积极主动参与小组工作,是否全过程参与,是否吃苦耐劳,是否具有工匠精神	
	交流沟通(20分)	是否能良好地表达自己的观点,是否能倾听他人的观点	
	团队合作(20分)	是否与小组成员合作完成任务,做到相互协作、互相帮助、听从指挥	
	创新意识(20分)	看问题是否能独立思考,提出独到见解,是否能够利用创新思维解决遇到的问题	
成员2(100分)	核心价值观(20分)	是否有违背社会主义核心价值观的思想及行动	
	工作态度(20分)	是否按时完成负责的工作内容、遵守纪律,是否积极主动参与小组工作,是否全过程参与,是否吃苦耐劳,是否具有工匠精神	
	交流沟通(20分)	是否能良好地表达自己的观点,是否能倾听他人的观点	
	团队合作(20分)	是否与小组成员合作完成任务,做到相互协作、互相帮助、听从指挥	
	创新意识(20分)	看问题是否能独立思考,提出独到见解,是否能够利用创新思维解决遇到的问题	
成员3(100分)	核心价值观(20分)	是否有违背社会主义核心价值观的思想及行动	
	工作态度(20分)	是否按时完成负责的工作内容、遵守纪律,是否积极主动参与小组工作,是否全过程参与,是否吃苦耐劳,是否具有工匠精神	

表(续2)

对象	评分项目	评分标准	评分
成员3 (100分)	交流沟通(20分)	是否能良好地表达自己的观点,是否能倾听他人的观点	
	团队合作(20分)	是否与小组成员合作完成任务,做到相互协作、互相帮助、听从指挥	
	创新意识(20分)	看问题是否能独立思考,提出独到见解,是否能够利用创新思维解决遇到的问题	
成员4 (100分)	核心价值观(20分)	是否有违背社会主义核心价值观的思想及行动	
	工作态度(20分)	是否按时完成负责的工作内容、遵守纪律,是否积极主动参与小组工作,是否全过程参与,是否吃苦耐劳,是否具有工匠精神	
	交流沟通(20分)	是否能良好地表达自己的观点,是否能倾听他人的观点	
	团队合作(20分)	是否与小组成员合作完成任务,做到相互协作、互相帮助、听从指挥	
	创新意识(20分)	看问题是否能独立思考,提出独到见解,是否能够利用创新思维解决遇到的问题	
成员5 (100分)	核心价值观(20分)	是否有违背社会主义核心价值观的思想及行动	
	工作态度(20分)	是否按时完成负责的工作内容、遵守纪律,是否积极主动参与小组工作,是否全过程参与,是否吃苦耐劳,是否具有工匠精神	
	交流沟通(20分)	是否能良好地表达自己的观点,是否能倾听他人的观点	
	团队合作(20分)	是否与小组成员合作完成任务,做到相互协作、互相帮助、听从指挥	
	创新意识(20分)	看问题是否能独立思考,提出独到见解,是否能够利用创新思维解决遇到的问题	
最终小组成员得分			

课后反思

<table>
<tr><td>学习领域</td><td colspan="5">焊条电弧焊</td></tr>
<tr><td>学习情境 1</td><td colspan="2">焊条电弧焊焊前准备</td><td>任务 1</td><td colspan="2">焊条电弧焊焊机的认识与调试</td></tr>
<tr><td>班级</td><td></td><td>第　　组</td><td>成员姓名</td><td colspan="2"></td></tr>
<tr><td>情感反思</td><td colspan="5">通过对本任务的学习和实训,你认为自己在社会主义核心价值观、职业素养、学习和工作态度等方面有哪些需要提高的部分?</td></tr>
<tr><td>知识反思</td><td colspan="5">通过对本任务的学习,你掌握了哪些知识点?请画出思维导图。</td></tr>
<tr><td>技能反思</td><td colspan="5">在完成本任务的学习和实训过程中,你主要掌握了哪些技能?</td></tr>
<tr><td>方法反思</td><td colspan="5">在完成本任务的学习和实训过程中,你主要掌握了哪些分析和解决问题的方法?</td></tr>
</table>

任务 2　选择焊接材料

【任务工单】

学习领域	焊条电弧焊				
学习情境 1	焊条电弧焊焊前准备		任务 2	选择焊接材料	
任务学时			10		
布置任务					
工作目标	1. 掌握焊条基本知识; 2. 了解酸性和碱性焊条的基本区别; 3. 会正确选用焊条; 4. 能认识、区分熔池和熔渣,掌握控制熔池温度、大小和形状的技能; 5. 能根据焊接安全、清洁和环境要求,严格按照焊接工艺完成焊接操作; 6. 能进行评价和质量检测				
任务描述	学生根据空气储罐上的焊缝质量的相应要求,按照焊条的标准及规定,结合焊接母材、环境等情况,选用合适的焊条型号				
学时安排	资讯 4 学时	计划 1 学时	决策 1 学时	实施 3 学时	检查 0. 5 学时	评价 0. 5 学时
提供资料	1.《国际焊接工程师培训教程》(2020 版)　哈尔滨焊接技术培训中心; 2.《国际焊接技师培训教程》(2020 版)　哈尔滨焊接技术培训中心; 3.《焊条电弧焊》　侯勇主编,机械工业出版社,2018 年 5 月; 4.《焊工》　邱葭菲、李继三主编,中国劳动社会保障出版社,2014 年 3 月; 5. 利用网络资源进行咨询				
对学生的要求	1. 掌握一定的焊接专业基础知识,经历了专业实习,对焊接企业的产品及行业领域有一定的了解; 2. 具有独立思考、善于发现问题的良好习惯,能对任务书进行分析,能正确理解和描述目标要求; 3. 具有查询资料和市场调研能力,具备严谨求实和开拓创新的学习态度				

资讯单

<table>
<tr><td>学习领域</td><td colspan="4">焊条电弧焊</td></tr>
<tr><td>学习情境 1</td><td colspan="2">焊条电弧焊焊前准备</td><td>任务 2</td><td>选择焊接材料</td></tr>
<tr><td colspan="3">资讯学时</td><td colspan="2">4</td></tr>
<tr><td>资讯方式</td><td colspan="4">在图书馆查询相关杂志、图书,利用互联网查询相关资料,咨询任课教师</td></tr>
<tr><td rowspan="18">资讯内容</td><td rowspan="12">知识点</td><td rowspan="6">焊条介绍</td><td colspan="2">问题:什么是焊条?</td></tr>
<tr><td colspan="2">问题:选用焊条的原则是什么?</td></tr>
<tr><td colspan="2">问题:焊条有哪些类型?</td></tr>
<tr><td colspan="2">问题:请查一查该校焊接生产车间常用的焊条是什么型号的,它适合哪种材料的焊接?</td></tr>
<tr><td colspan="2">问题:碱性焊条药皮的成分主要有什么?</td></tr>
<tr><td colspan="2">问题:你见过的焊条都有哪些尺寸?</td></tr>
<tr><td rowspan="6">材料熔化及焊缝成型</td><td colspan="2">问题:焊接时,焊条末端的熔融金属受到哪些力的作用?</td></tr>
<tr><td colspan="2">问题:焊接作业前,检查焊条的哪几项来确保焊条的使用质量?</td></tr>
<tr><td colspan="2">问题:焊接作业时,需要准备的个人防护用品有哪些?</td></tr>
<tr><td colspan="2">问题:你是否能根据焊条的牌号分析出焊条的基本性能和烘干温度?</td></tr>
<tr><td colspan="2">问题:焊缝组织的金属来源有哪些?</td></tr>
<tr><td colspan="2">问题:想一想,焊接作业时,焊缝成型的影响因素有哪些?</td></tr>
<tr><td rowspan="2">技能点</td><td colspan="3">完成烘干焊条的操作</td></tr>
<tr><td colspan="3">完成焊前装配,会根据母材的材料和尺寸选择焊条、检查焊条质量,保证焊前准备工作顺利完成</td></tr>
<tr><td rowspan="3">思政点</td><td colspan="3">培养学生的爱国情怀和民族自豪感,做到爱国敬业、诚信友善</td></tr>
<tr><td colspan="3">培养学生树立质量意识、安全意识,认识到我们每一个人都是工程建设质量的守护者</td></tr>
<tr><td colspan="3">培养学生具有社会责任感和社会参与意识</td></tr>
<tr><td>学生需要单独资询的问题</td><td colspan="3"></td></tr>
</table>

【课前自学】

知识点1:焊条介绍

一、焊条的组成

焊条是涂有药皮的供焊条电弧焊使用的熔化电极。它由焊芯和药皮两部分组成,药皮与焊芯(不包括焊条夹持端)的质量比称为药皮质量系数。焊条引弧端药皮有45°左右的倒角,以便于引弧;尾部有15~25 mm长的裸焊芯,称为焊条夹持端,用于焊钳夹持并利于导电。焊条直径是指焊芯直径,是焊条的重要尺寸,一般有ϕ1.6 mm、ϕ2.0 mm、ϕ2.5 mm、ϕ3.2 mm、ϕ4.0 mm、ϕ5.0 mm、ϕ6.0 mm、ϕ8.0 mm八种规格。焊条的长度与焊条直径有关,一般为200~650 mm(图1-21、图1-22)。

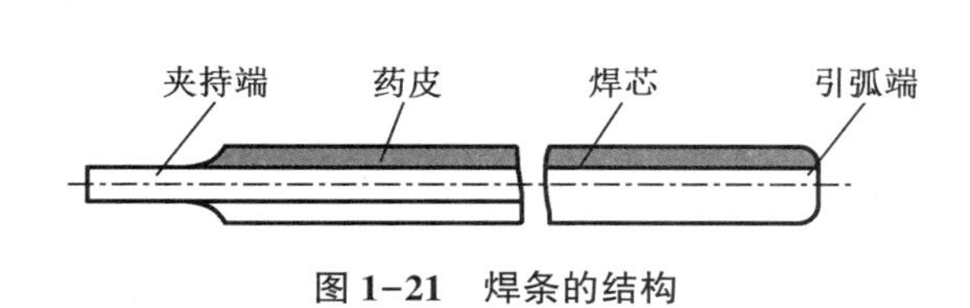

图1-21　焊条的结构

图1-22　焊条

1.焊芯

焊芯用来作电弧的电极和焊缝的填充金属,与熔化的母材金属熔合形成焊缝。焊芯是含碳、硫、磷较低的专用焊条钢经轧制、拉拔后切成的金属丝棒。

焊条电弧焊时,焊芯金属占整个焊缝金属的50%~80%,所以焊芯金属的化学成分会直接影响到焊缝的质量。因此,制作焊芯用的钢丝都是经特殊冶炼的,单独规定了其牌号与成分,这种焊接专用钢丝称为焊条。结构钢焊条常用的焊条牌号为H08A,重要焊件应选用H08E。

所谓焊条的直径,就是指焊芯的直径。结构钢焊条直径为1.6~8 mm,共分八种规格,生产中应用最广的是ϕ3.2 mm、ϕ4.0 mm和ϕ5.0 mm三种,长度分别为350 mm、400 mm、450 mm。

2.药皮

药皮是压涂在焊芯表面的涂料层,它由矿石粉、易电离物质、铁合金粉和黏结剂等原料按一定比例配制而成。

(1)药皮的主要作用

①机械保护作用:药皮熔化放出的气体和形成的熔渣,可起到隔离空气的作用,防止有

害气体侵入熔化金属。

②冶金处理作用:通过熔渣与熔化金属的冶金反应,可除去有害杂质(如氧、氢、硫、磷),添加有益的合金元素,使焊缝获得符合要求的力学性能。

③改善焊接工艺性能:可使电弧稳定、飞溅少、焊缝成型好、易脱渣和熔敷效率高等。

④提高焊接电弧的稳定性:在药皮中加入易于电离的物质(如 K_2CO_3、$CaCO_3$、$Na_2O \cdot SiO_2 \cdot H_2O$ 等),可提高焊接电弧的稳定性。

⑤保证焊缝金属顺利脱氧。

(2)药皮的组成

药皮的组成相当复杂,一种焊条的药皮配方中,组成物一般有七八种之多。根据药皮组成物在焊接过程中所起的作用,可将组成物分为七类:

①稳弧剂:主要作用是帮助引弧和稳定电弧,一般多采用碱金属及碱土金属的化合物,如碳酸钾、碳酸钠、大理石等。

②造气剂:主要作用是形成保护气氛,以隔绝空气,常配有有机物(如淀粉、木粉等)、碳酸盐类矿物(如大理石、菱镁矿等)。

③造渣剂:主要作用是在熔化后形成具有一定物理化学性能的熔渣,覆盖在熔化金属表面,起机械保护和冶金处理作用,如大理石、钛铁矿、金红石等。

④脱氧剂:主要作用是使焊缝金属脱氧,以提高焊缝金属的力学性能,常用的脱氧剂有锰铁、硅铁、钛铁等。

⑤合金剂:其作用是向焊缝金属中掺入有益的合金元素,以提高焊缝的力学性能或使焊缝获得某些特殊性能(如耐蚀、耐磨等),根据需要可选用各种铁合金(如锰铁、硅铁、钼铁)或粉末状纯金属(如金属锰、金属铬等)。

⑥黏结剂:用以将各种粉状加入剂黏附在焊芯上,常用的黏结剂是水玻璃,有钠水玻璃、钾水玻璃和钠钾水玻璃三种。

⑦增塑剂:用以改善涂料的塑性和滑性,便于机器压涂焊条药皮,如云母、白泥、钛白粉等。

二、焊条的分类

焊条可按其用途、熔渣的性质和药皮的类型进行分类。

1. 按焊条用途分类

根据有关国家标准,焊条可分为非合金钢及细晶粒钢焊条、热强钢焊条、不锈钢焊条、堆焊焊条、铸铁焊条、铜及铜合金焊条、铝及铝合金焊条、镍及镍合金焊条等。

2. 按熔渣性质分类

根据药皮熔化后的熔渣特性,可将焊条分成酸性焊条和碱性焊条两类。这两类焊条的工艺性能、操作注意事项和焊缝质量有较大的差异,因此必须熟悉它们的特点。

(1)酸性焊条

酸性焊条焊接时形成的熔渣的主要成分是酸性氧化物。酸性焊条突出的优点是价格较低、焊接工艺性好、容易引弧、电弧稳定、飞溅小、对弧长不敏感、对油和铁锈等不敏感、焊前准备要求低、焊缝成型好等。但由于酸性焊条的熔渣除硫能力较差,焊缝金属的力学性能(主要指塑性和韧性)和抗裂性能较差,因此此类焊条仅用于一般的焊接结构。酸性焊条典型型号有 E4303、E5003,可用交、直流电源焊接。酸性焊条如图 1-23 所示。

（2）碱性焊条

碱性焊条熔渣的主要成分是碱性氧化物。这类焊条的焊缝金属中合金元素较多，硫、磷等杂质较少，焊缝的力学性能特别是冲击韧度较好，故主要用于焊接重要的焊接结构件。碱性焊条的缺点：首先是工艺性较差（引弧困难、电弧稳定性差、飞溅大、必须采用短弧焊、焊缝外观成型差）；其次是对油、水、铁锈等很敏感，如果焊前焊接区没有清理干净，或焊条未进行烘干，在焊接时就会产生气孔。碱性焊条典型型号有 E4315、E5015，一般采用直流电源焊接。碱性焊条如图 1-24 所示。

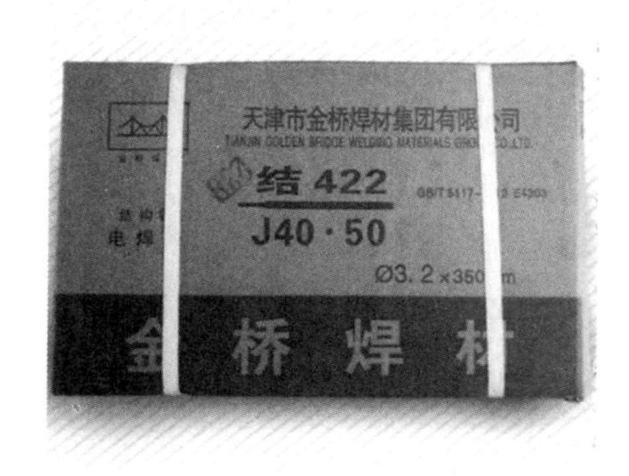

图 1-23　酸性焊条 J422

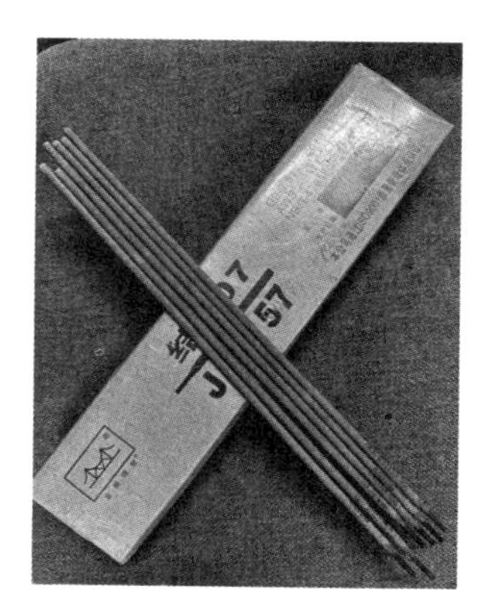

图 1-24　碱性焊条 J507

3. 按药皮类型分类

根据药皮的主要化学成分，可将焊条分为钛型焊条、钛钙型焊条、钛铁矿型焊条、氧化铁型焊条、纤维素型焊条、低氢型焊条、石墨型焊条、盐基型焊条等。

三、焊条的型号和牌号

目前我国电焊条的分类有两种方法，即按型号和产品的统一牌号分类，表 1-4 进行了列举。

表 1-4　焊条型号和统一牌号的分类

国家标准			《焊接材料产品样本》			
型号（按化学成分分类）			统一牌号（按用途分类）			
国家标准编号	名称	代号	类别	名称	代号	
					字母	汉字
GB/T 5117—2012	非合金钢及细晶粒钢焊条	E	一	结构钢焊条	J	结
GB/T 5118—2012	热强钢焊条	E	一	结构钢焊条	J	结
			二	耐热钢焊条	R	热
			三	低温钢焊条	W	温

表 1-4(续)

国家标准			《焊接材料产品样本》			
型号(按化学成分分类)			统一牌号(按用途分类)			
国家标准编号	名称	代号	类别	名称	代号	
					字母	汉字
GB/T 983—2012	不锈钢焊条	E	四	不锈钢焊条	G	铬
					A	奥
GB/T 984—2001	堆焊焊条	ED	五	堆焊焊条	D	堆
GB/T 10044—2022	铸铁焊条及焊丝	EZ	六	铸铁焊条及焊丝	Z	铸
GB/T 13814—2008	镍及镍合金焊条	ENi	七	镍及镍合金焊条	Ni	镍
GB/T 3670—2021	铜及铜合金焊条	ECu	八	铜及铜合金焊条	T	铜
GB/T 3669—2001	铝及铝合金焊条	EA1	九	铝及铝合金焊条	L	铝
—	—	—	十	特殊用途焊条	Ts	特

接下来我们以最常见的碳钢焊条为例。根据 GB/T 5117—2012 来进一步了解一下。

1. 碳钢焊条型号的编制方法

碳钢焊条的型号是按熔敷金属的抗拉强度、药皮类型、焊接位置和焊接电流种类划分的,用 E×××× 表示。E 表示焊条;第一位和第二位数字表示熔敷金属抗拉强度的最小值;第三位数字表示焊条适用的焊接位置,0 及 1 表示适用于全位置(平、立、仰、横),2 表示适用于平焊及平角焊,4 表示适用于向下立焊;第三、第四位数字组合时表示焊接电流种类及药皮类型(表 1-5)。其他大类的焊条型号的编制方法见相应的国家标准。

表 1-5　碳钢焊条型号中第三、第四位数字的含义

焊条型号	焊接位置	药皮类型	焊接电流种类	相应的焊条牌号
E××00	各种位置(平、立、仰、横)	特殊型	交流或直流正、反接	J××0
E××01		钛铁矿型	直流反接	J××3
E××03		钛钙型	交流或直流反接	J××2
E××10		高纤维素钠型	交流或直流正接	—
E××11		高纤维素钾型	交流或直流正、反接	J××5
E××12		高钛钠型	交流或直流正、反接	—
E××13		高钛钾型	直流反接	J××1
E××14		铁粉钛型	交流或直流反接	J××1Fe
E××15		低氢钠型		J××7
E××16		低氢钾型		J××6
E××18		铁粉低氢型		J××6Fe J××7Fe

表 1-5(续)

焊条型号	焊接位置	药皮类型	焊接电流种类	相应的焊条牌号
E××20	平角焊	氧化铁型	交流或直流正接	J××4
E××22	平		交流或直流正、反接	—
E××23	平、平角焊	铁粉钛钙型	交流或直流 正、反接	J××2Fe13
E××24		铁粉钛型		J××1Fe13
E××27	—	铁粉氧化铁型	交流或直流正接	J××6Fe14
E××28	平、平角焊	铁粉低氢型	交流或直流反接	J××6Fe J××7Fe
E××48	平、立、横、立向下	铁粉低氢型	交流或直流反接	J××6Fe× J××7Fe×

碳钢焊条的统一牌号则是按焊缝金属抗拉强度、药皮类型和焊接电源种类等编制的，用 J×××表示。J 表示结构钢焊条；前两位数字表示焊缝金属抗拉强度等级；第三位数字表示药皮类型和适用的焊接电流种类(表 1-6)。

表 1-6　焊条牌号中第三位数字的含义

型号	药皮类型	焊接电流种类	型号	药皮类型	焊接电流种类
J××0	不属于规定的类型	不规定	J××5	纤维素型	交流或直流
J××1	氧化钛型	交流或直流	J××6	低氢型	交流或直流
J××2	氧化钛钙型	交流或直流	J××7	低氢型	直流
J××3	钛铁矿型	交流或直流	J××8	石墨型	交流或直流
J××4	氧化铁型	交流或直流	J××9	盐基型	直流

根据药皮熔化后形成的熔渣性质不同，电焊条可分为两大类：酸性焊条和碱性焊条。药皮熔化后形成的熔渣以酸性氧化物为主的焊条，称为酸性焊条，常用牌号有 J422(E4303)、J502(E5003)等；熔渣以碱性氧化物为主的焊条，称为碱性焊条，常用的牌号有 J427(E4315)、J507(E5015)等(括号中为国家标准型号)。

焊条牌号中的 J 表示结构钢焊条，以 J422、J507 两个牌号为例，前两位数字“42”“50”表示焊缝金属抗拉强度等级分别为 420 MPa 和 500 MPa，而第三位数字表示药皮类型和焊接电流的种类，“2”表示酸性焊条(钛钙型药皮)，用交流或直流焊接均可；“7”表示碱性焊条(低氢钠型药皮)，用直流焊接。所以牌号 J422 的含义为：焊缝金属抗拉强度等级为 420 MPa，酸性焊条(钛钙型药皮)，用交流或直流焊接均可；牌号 J507 的含义为：焊缝金属抗拉强度等级为 500 MPa，碱性焊条(低氢钠型药皮)，用直流焊接。

2. 碳钢焊条的性能

碳钢焊条的性能包括冶金性能和工艺性能两部分。

(1)冶金性能

冶金性能反映在焊缝金属的化学成分、力学性能以及抗气孔、抗裂纹的能力上。为了获得各项性能良好的焊缝,就必然要求焊条具有良好的冶金性能。

(2)工艺性能

焊条的工艺性能是指焊条在操作中的性能,包括以下方面:

①焊接电弧的稳定性

焊接电弧的稳定性是指引弧和电弧在焊接过程中保持稳定燃烧(不产生断弧、漂移和偏吹等)的程度。焊接电弧稳定性直接影响着焊接过程的连续性及焊接质量。

②焊缝成型

良好的焊缝成型要求表面光滑,波纹细密美观,焊缝的几何形状及尺寸正确。焊缝应圆滑地向母材过渡,余高符合标准,无咬边等缺陷。焊缝成型不仅影响表面的美观程度,更重要的是影响焊接接头的力学性能。

③各种位置焊接的适应性

尽量满足全位置的焊接,即不仅可平焊,而且能进行立焊、横焊、仰焊。

④飞溅

焊接过程中有熔滴或熔池中飞出的金属颗粒称飞溅。飞溅不仅会弄脏焊缝及其附近的部位,增加清理工作量,而且过多的飞溅还会破坏正常的焊接过程,降低焊条的熔敷效率。

⑤脱渣性

脱渣性是指焊后从焊缝表面清除渣壳的难易程度。

⑥焊条的熔化速度

焊条的熔化速度反映了焊接生产率的高低,它可以用焊条的熔化系数 α_p 来表示。α_p 表示单位时间内单位电流焊芯熔化的质量。

⑦焊条药皮的发红

焊条药皮的发红是指焊条在使用到后半段时由于药皮温升过高而发红、开裂或药皮脱落的现象。显然,焊条药皮的发红使药皮失去保护作用及冶金作用,可引起焊接工艺性能恶化,严重影响焊接质量,同时也造成材料的浪费。

⑧焊接烟尘

焊接烟尘包括液态金属及熔渣的蒸发。由蒸发而产生的高温蒸气从电弧区被吹出后迅速被氧化和冷凝,变为细小的固态粒子。这些微小的颗粒物分散飘浮于空气中,弥散于电弧周围,就形成了焊接烟尘。焊接烟尘不仅会造成环境污染,而且会危害焊工的健康。

四、焊条的使用

为了保证焊缝的质量,在使用焊条前须进行外观检查。外观检查在焊条烘干或使用前进行。对焊条进行外观检查是为了避免由于使用了不合格的焊条而造成焊缝质量的不合格。焊条可能会出现以下几个方面的问题。

1. 偏心

偏心度指药皮沿焊芯直径方向偏心的程度,如图 1-25 所示。焊条若偏心,则表明焊条沿焊芯直径方向的药皮厚度有差异,这样焊接时药皮熔化速度不同,无法形成正常的套筒,因而在焊接时会产生电弧偏吹，使电弧不稳定，造成母材熔化不均匀，最终影响焊缝质量。所以应尽量不使用偏心的焊条。

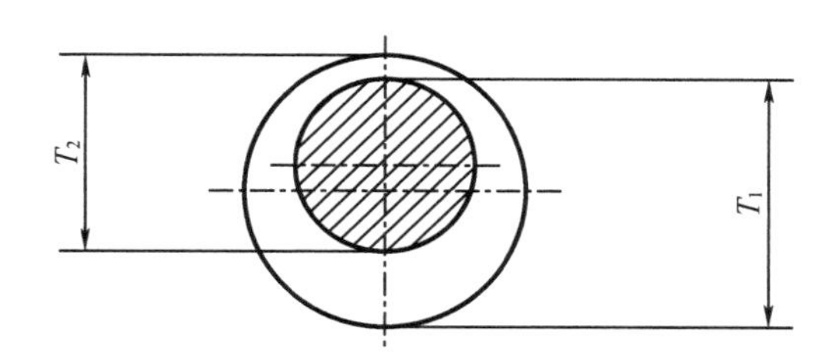

图 1-25　偏心度示意图

偏心度可用下式计算：

$$偏心度=2(T_1-T_2)/(T_1+T_2)\times100\%$$

式中　T_1——任一断面处药皮层最大厚度+焊芯直径，mm；

T_2——同一断面处药皮层最小厚度+焊芯直径，mm。

①直径不大于 2.5 mm 的焊条，其偏心度不应大于 7%。

②直径为 3.2 mm 和 4.0 mm 的焊条，其偏心度不应大于 5%。

③直径不小于 5 mm 的焊条，其偏心度不应大于 4%。

2. 锈蚀

锈蚀指焊芯有锈蚀的现象。一般来说，若焊芯仅有轻微的锈迹，基本上不影响正常使用，但对于重要结构件、焊缝质量要求高时，则不宜使用。若焊条锈迹严重，则不宜使用，至少也应降级使用或只能用于一般结构件的焊接。

3. 药皮出现裂纹及脱落

药皮在焊接过程中起着很重要的作用，由于储存或人为因素的影响，有时药皮会出现裂纹甚至部分脱落(图 1-26)。用药皮脱落的焊条施焊会直接影响焊缝质量，因此要避免使用药皮已经脱落的焊条。

图 1-26　药皮脱落

五、焊条直径的选择

焊条直径可根据焊件厚度、焊缝质量要求和所焊母材来选择。厚壁结构选用粗焊条，薄壁结构选用细焊条。对于坡口焊缝及角焊缝根部打底焊，选用小直径焊条，填充及盖面焊接应选用较大直径焊条。

一般碳钢焊接结构是根据焊条直径来确定焊接电流的,焊条直径与焊接电流成正比,即直径越大,电流越大。焊条直径与焊接电流的关系如表1-7所示。

表1-7 焊条直径与焊接电流的关系

直径 d/mm	2.0	2.5	3.25	4.0	5.0	6.0
长度 l/mm	250/300	350	350/450	350/450	450	450
电流 I/A	40~80	50~100	90~150	120~200	180~270	220~360
经验公式:电流最大值、最小值与焊条直径的关系	20d 40d		30d 50d			35d 60d

六、焊条的存储

1. 焊条的焊前烘干

焊条在出厂前经过高温烘干,并用防潮材料以袋、筒、罐等形式包装,起到一定的防潮作用,一般应在使用前拆封。考虑到焊条长期贮运过程中难免受潮,为确保焊接质量,用前仍须按产品说明书的规定进行再烘干。焊条烘干箱如图1-27所示。

再烘干温度由药皮类型决定,一般酸性焊条取70~150 ℃,最高不超过250 ℃,烘干1~1.5 h,碱性焊条取300~400 ℃,烘干1~2 h。

2. 焊条的保管

焊条一怕受潮变质,二怕误用乱用,这关系到焊接质量和结构的安全使用,必须十分重视。重要产品,如锅炉压力容器的制造,一般都把焊接材料的管理列为质量保证体系中的重要一环,建立严格的分级管理制度:一级库主要负责验收、贮存与保管;二级库主要负责焊材的预处理(如再烘干等)、向焊工发放和回收等。

(1)进厂的焊条必须包装完好,产品说明书、合格证和质量保证书等应齐全。必要时按有关国家标准进行复验,合格后才许入库。

(2)焊条应存放在专用仓库内,库内应干燥(室温宜为10~25 ℃,相对湿度<50%)、整洁且通风良好,不许露天存放或放在存在有害气体和具有腐蚀性的环境内。

(3)堆放时不许直接放在地面上,一般应放在离地面和墙壁各不小于300 mm的架子或垫板上,以保证空气流通。

(4)不同类型焊条一般不能在同一炉中烘干。烘干时,每层焊条堆放不能太厚(以1~3层为好),以免焊条受热不均,潮气不易排除,如图1-28所示。

(5)焊接重要产品时,尤其是野外露天作业时最好每个焊工配备一个小型焊条保温筒,施工时将烘干后的焊条放入保温筒内,保持50~60 ℃,随用随取。

七、焊接工艺参数

1. 焊接电流的选择

焊条电弧焊时,焊接电流的选择要考虑焊条直径(图1-29)、药皮类型、焊条药皮厚度、焊件厚度、接头类型、焊接位置、焊道层数等因素。

图 1-27　焊条烘干箱

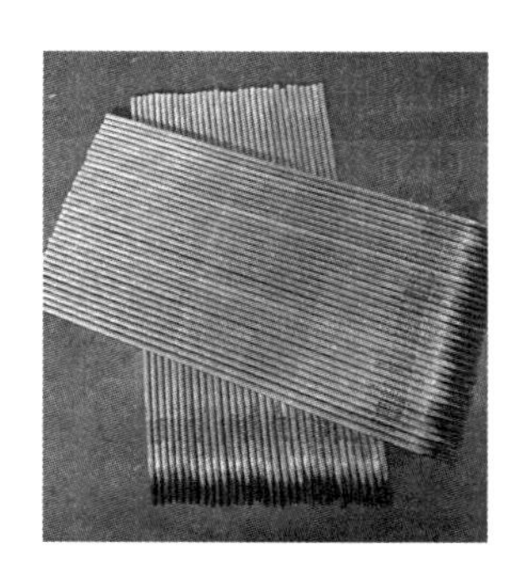

图 1-28　层状堆放焊条

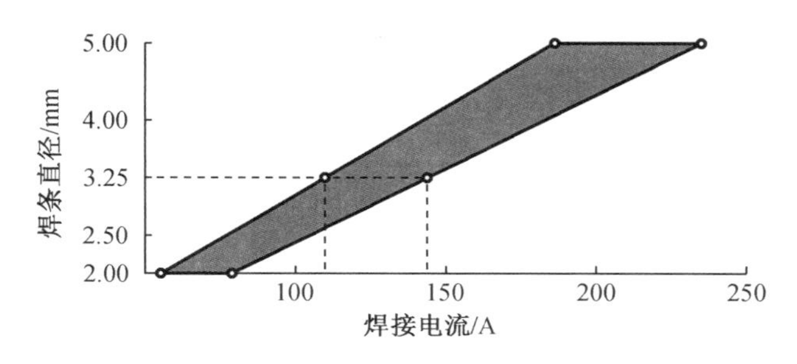

图 1-29　焊接电流与焊条直径的关系

一般把电流范围的平均值标记为“标准电流”或“标准值”。

2. 电弧电压的选择

电弧电压是由电弧长度（弧长）所决定的。弧长是指从焊条端部到熔池表面的距离。掌握合适的弧长对焊接优质焊缝是相当重要的。压缩弧长可提高焊接电流，增加熔敷速度；拉长电弧会减少电弧的挺度，增大电弧热量损失，加剧熔化金属的飞溅，降低熔敷率，且容易引起咬边、未熔合等缺欠。

金红石药皮焊条（R、RR）、酸性药皮焊条（A）、纤维素药皮焊条（C）的弧长为焊条直径。

碱性药皮焊条（B）的弧长为焊条直径的一半。

3. 焊接速度的选择

焊接速度是指焊接过程中焊条沿焊接方向移动的速度，即单位时间内完成的焊缝长度。焊接速度过快会导致焊缝过窄，焊缝表面严重凹凸不平，容易产生咬边及使焊缝波形变尖；焊接速度过慢会使焊缝变宽，余高增加，功效降低。焊接速度还直接决定着热输入量的大小，一般根据钢材的淬硬倾向来选择。焊条电弧焊时，在保证焊缝具有所要求的尺寸和外形及良好的熔合原则下，焊接速度由焊工根据具体情况灵活掌握。

知识点 2：材料融化及焊缝成型

一、焊条及母材的熔化

焊条电弧焊时，焊条的末端在电弧的高温作用下受热熔化，形成的熔滴通过电弧空间向熔池转移的过程称为熔滴过渡。焊条形成的熔滴作为填充金属与熔化的母材共同形成焊缝。因此，焊条的加热、熔化及熔滴过渡将对焊接过程和焊缝质量产生直接的影响。

1. 焊条加热与熔化

焊条电弧焊时,加热并熔化焊条的热量主要有电阻热和电弧热。

(1)电阻热

当电流在焊条上通过时,将产生电阻热。电阻热的大小取决于焊条的长度、电流密度和金属的电阻率。电阻热 Q_R 可表示为

$$Q_R = I^2 R_S \tag{1-1}$$

$$R_S = \rho L_S / S \tag{1-2}$$

式中 Q_R——电阻热;

I——电流;

R_S——焊条的电阻;

ρ——焊条的电阻率;

L_S——焊条的长度;

S——焊条的横截面积。

由式(1-1)、式(1-2)可以看出,焊条长度越长、焊条直径越小、电流越大、电阻率越高,则电阻热越大。

(2)电弧热

两极区的产热功率与焊接电流成正比,当焊接电流、被焊材料相同时,焊条作为阴极的产热功率比作为阳极的产热功率多。电弧产生的热量仅有一部分用来熔化焊条,而大部分热量用来熔化母材,另外还有相当一部分的热量消耗在辐射、飞溅和母材传热上。

(3)焊条的熔化

焊条金属受到电阻热和电弧热加热后,便开始熔化。衡量焊条熔化的主要指标是熔化速度,即单位时间内焊条的熔化长度或质量。焊条的熔化速度主要取决于焊接电流的大小。电阻热对焊条具有强烈的预热作用,使得焊条后半部分的熔化速度比前半部分要快20%~30%。影响熔化速度的因素主要有以下几个方面:

①电流:电流越大,熔化速度越快。

②电压:较长弧长范围内,电压变化不影响焊条的熔化。

③电流极性:焊条为阴极时,熔化速度快。

④焊条直径:直径越大,熔化速度越慢。

2. 熔滴过渡

焊条电弧焊时,在电弧热和电阻热的联合作用下,焊条端部受热熔化形成熔滴。熔滴上的作用力是影响熔滴过渡及焊缝成型的主要因素。根据熔滴上的作用力来源不同,可将其分为电磁收缩力、短路爆破力、磁偏吹力、表面张力、熔滴重力等。

在电弧热作用下,焊条或焊条端头的熔化金属形成熔滴,受到各种力的作用向母材过渡,称为熔滴过渡。

(1)电磁收缩力:该力与电弧形态有关,如图1-30所示。

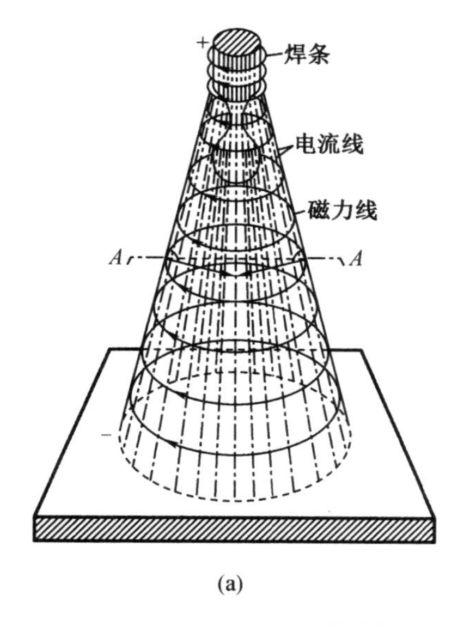

(a)

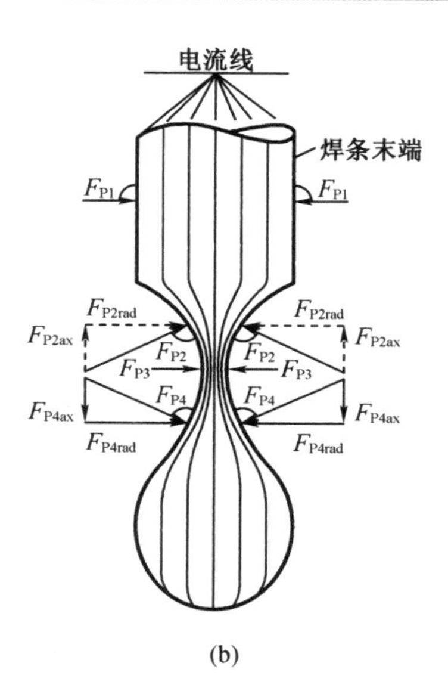

(b)

F_P—收缩力；F_{Prad}—水平分力；F_{Pax}—垂直分力。

图 1-30　电磁收缩力示意图

(2)短路爆破力：该力会形成飞溅，如图 1-31 所示。

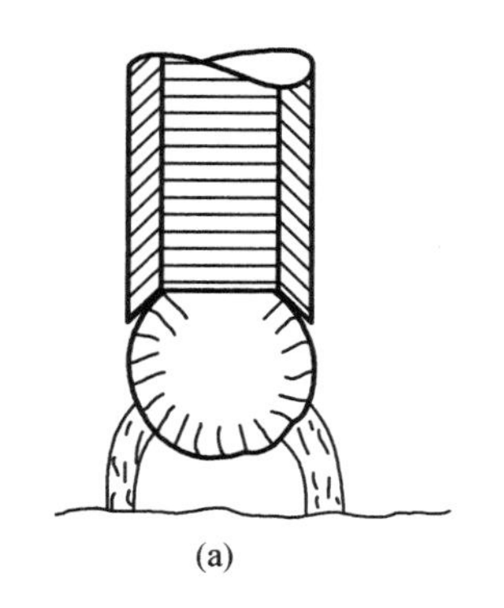

(a)

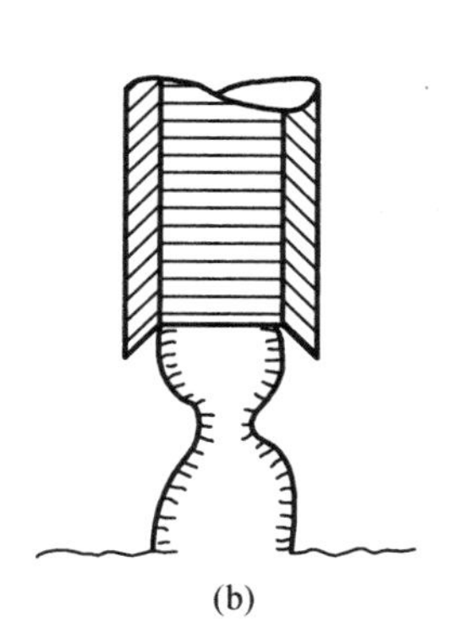

(b)

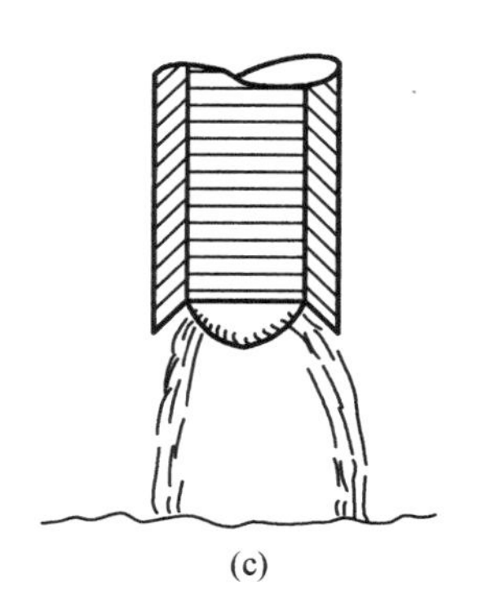

(c)

图 1-31　短路爆破力示意图

(3)磁偏吹力：磁场会对电弧中的带电粒子产生影响，从而对电弧的形态产生影响，如图 1-32 所示。焊接时电弧表现的状态如图 1-33 所示。

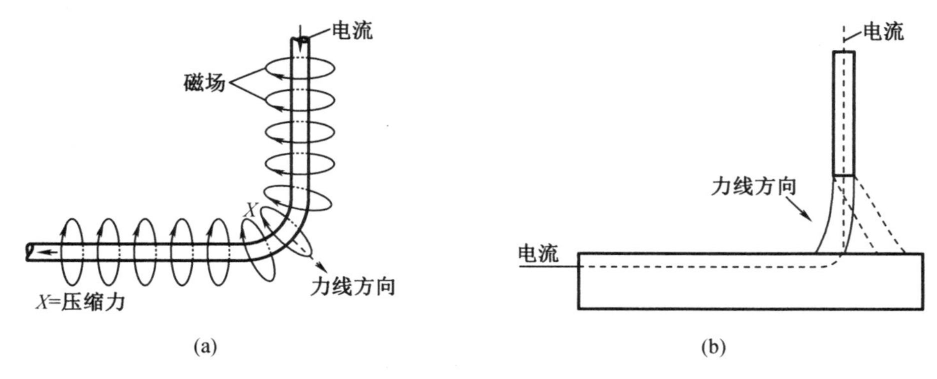

(a)　　(b)

图 1-32　磁偏吹力产生原因示意图

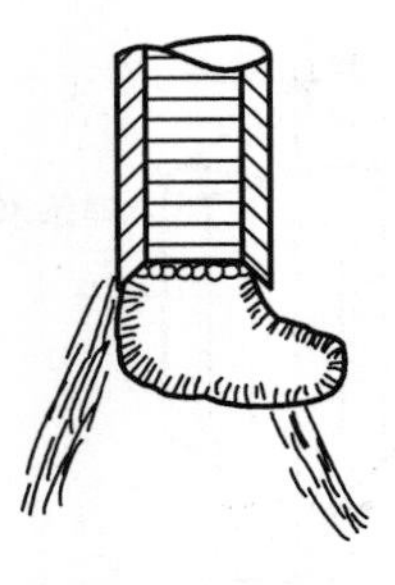
(a) 磁偏吹细节图

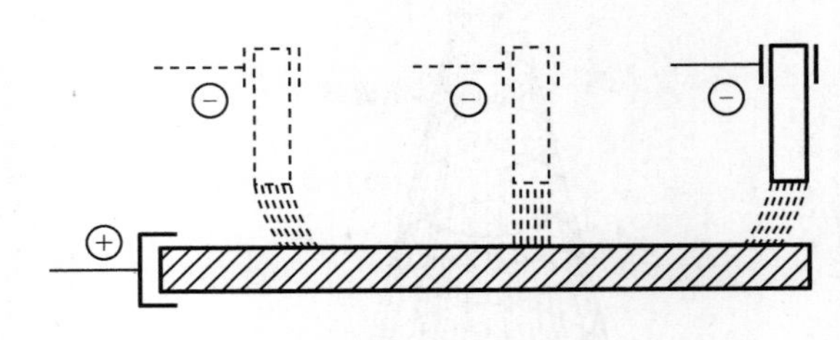
(b) 焊接过程磁偏吹形式

图 1-33　磁偏吹力示意图

(4)表面张力:该力会延迟熔滴过渡,如图 1-34 所示。

(5)溶滴重力:溶滴会受重力的影响,如图 1-35 所示。

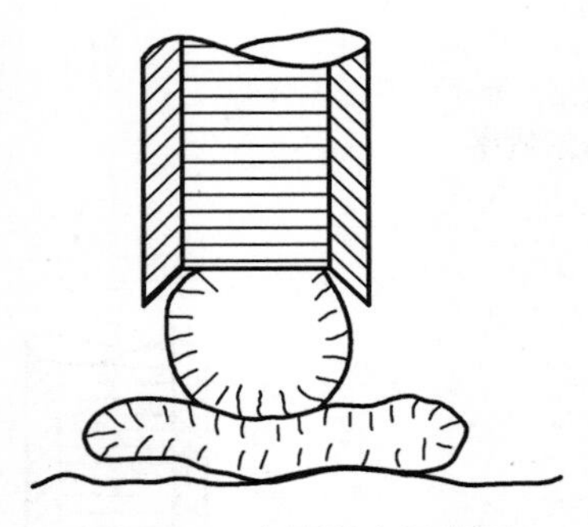
图 1-34　表面张力示意图

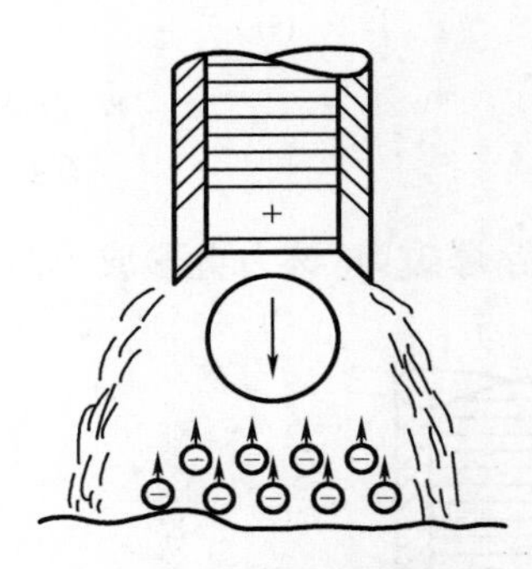
图 1-35　溶滴重力示意图

焊条电弧焊是用手工操纵焊条进行焊接的电弧焊方法,因此焊缝的质量取决于焊工的操作技术,这就需要焊工掌握较高的操作技能。

电弧焊过程中,熔化焊条与母材的焊接热源不断地移动,使得不同位置的焊缝所受的热循环作用不同,焊缝成型特点和规律也不同。

二、焊缝形成过程

在电弧热的作用下焊条与母材被熔化,在焊件上形成一个具有一定形状和尺寸的液态熔池。随着电弧的移动,熔池前端的焊件不断被熔化进入熔池中,熔池后部则不断冷却结晶形成焊缝。熔池的形状决定了焊缝的形状,对焊缝的组织、力学性能和焊接质量有重要的影响。

焊缝成型的影响因素主要有:

焊接参数——焊接电流、电弧电压、焊接速度等;

工艺因素——焊条直径、电流种类与极性、焊条倾角和焊件倾角等;

焊件结构——坡口形状、间隙、焊件厚度等。

1. 焊接参数

焊接参数决定焊缝输入的能量,是影响焊缝成型的主要工艺参数。

(1)焊接电流

焊接电流主要影响焊缝的熔深。其他条件一定时,随着电流的增大,焊缝的熔深和余高增加，而熔宽几乎不变，焊缝成型系数减小。

(2)电弧电压

电弧电压主要影响焊缝宽度。其他条件一定时，随着电弧电压的增大，熔宽显著增加，而熔深和余高略有减小，熔合比增加。因此，为得到合适的焊缝成型，一般在改变焊接电流时，对电弧电压也应进行适当的调整。

(3)焊接速度

焊接速度的快慢主要影响母材的热输入。其他条件一定时，提高焊接速度，热输入及焊条金属的熔敷量均减小，故熔深、熔宽和余高都减小，熔合比几乎不变。

为了全面说明焊接参数的影响，引入一个综合参数——焊接热输入 q，其物理意义为熔焊时，由焊接能源输入给单位长度焊缝上的热能，单位 J/mm。焊接热输入 q 可表示为

$$q=P/v=\eta I_h U_h/v$$

式中　P——焊条电弧焊焊机输出功率，W；

η——电弧有效功率系数，公称热效率，焊条电弧焊时 η 取 65%～80%；

I_h——焊接电流，A；

U_h——电弧电压，V；

v——焊接速度，mm/s。

2. 工艺因素

(1)焊条直径

焊接电流、电弧电压及焊接速度给定时，焊条直径越小，电流密度越大，对焊件加热越集中；同时，电磁收缩力增大，焊条熔化量增多，使得熔深、余高均增大。

(2)焊条倾角

焊条电弧焊时，根据焊条倾斜方向和焊接方向的关系，焊条倾角分为焊条后倾和焊条前倾两种，分别如图 1-36(a)(b)所示。焊条前倾时，熔宽增加，熔深、余高均减小。前倾角越小，这种现象越突出。焊条后倾时，情况刚好相反。焊条电弧焊时，通常采用焊条前倾，倾角 α 在 65°～80°较合适。

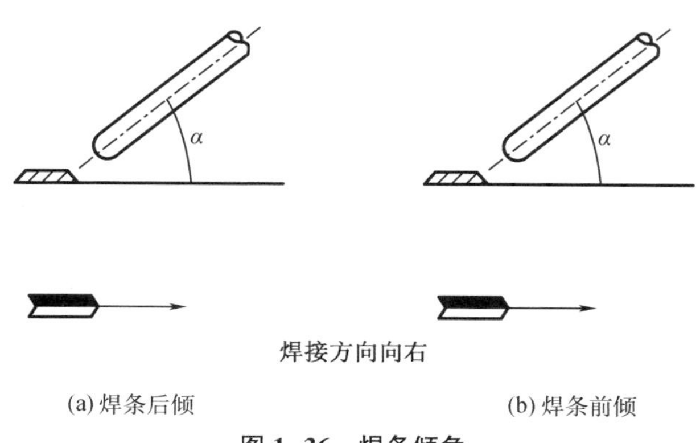

(a)焊条后倾　　(b)焊条前倾

图 1-36　焊条倾角

(3)焊件倾角

实际焊接时,有时因焊接结构等条件的限定,工件摆放存在一定的倾斜,重力作用使熔池中的液态金属有向下流动的趋势,因而在不同的焊接方向就产生不同的影响。下坡焊时,重力作用阻止熔池金属流向熔池尾部,电弧下方液态金属变厚,电弧对熔池底部金属的加热作用减弱,熔深减小,而余高和熔宽增大。上坡焊时,熔深和余高均增大,熔宽减小。

3. 焊件结构

(1)焊件材料和厚度

不同的焊件材料,其热物理性能不同。相同条件下,导热性好的材料熔化单位体积金属所需热量更多,在热输入一定时,焊缝的熔深和熔宽就小。焊件材料的密度或液态黏度越大,则电弧对熔池液态金属的排开越困难,进而熔深越浅。其他条件相同时,焊件厚度越大,散热越多,熔深和熔宽越小。

(2)坡口和间隙

焊件是否要开坡口,是否留有间隙及留多大间隙,均应视具体情况确定。采用对接形式焊接薄板时,不需留间隙,也不需开坡口;板较厚时,为了焊透焊件需留一定间隙或开坡口,此时余高和熔合比随坡口或间隙尺寸的增大而减小,因此焊接时常采用开坡口来控制余高和熔合比。

总之,焊缝成型的影响因素很多,要想获得良好的焊缝成型,需根据焊件的材料和厚度、焊缝的空间位置、接头形式、工作条件以及对接头性能和焊缝尺寸的要求等,选择合适的焊接参数,确保焊缝质量。

【任务实施】

一、工作准备

1. 设备与工具

焊条电弧焊焊机、电弧焊焊枪、焊条电弧焊焊机说明书、安全护具(电焊帽、口罩、焊接手套、焊接工作服、护目镜)、辅助工具(通针、扳手、点火枪、钢丝刷、钢丝钳等)。

2. 相关材料

J402 焊条或者 J507 焊条等多种焊条,Q235 钢板。

二、工作程序

1. 分析焊条性能

查找已有焊条型号,根据型号分析焊条类型。

2. 分析焊条与母材适配

根据母材成分选取几种合适的焊条牌号。

3. 参数分析

分别选择酸性焊条、碱性焊条的焊条尺寸型号,确定合理的焊接参数。

4. 对比试焊

使用酸性焊条、碱性焊条进行试焊,对比成型质量有何不同。

5. 分析记录焊接过程

观察焊接时焊条与母材熔化融合的情况。在合理的焊接参数范围内，选择几套焊接参数试焊，观察哪一组参数焊接时熔滴受力情况以及焊缝成型效果最好，并记录下来。

6. 作业完毕整理

关闭焊条电弧焊焊机，配件摆放到指定位置，工件按规定堆放，清扫场地，保持整洁。最后要确认设备断电、高温试件附近无可燃物等可能引起火灾、爆炸的隐患后，方可离开。

【做一做】

一、填空题

1. 熔滴过渡过程十分复杂，主要过渡形式有________、________和________三种。

2. 立焊和仰焊时，促使熔滴过渡的力有________、________和________。

3. 通常将________、________和________等对焊接质量影响较大的参数称为焊接参数。

4. 酸性焊条的烘干温度为________，碱性焊条的烘干温度为________，保温时间为________。

二、判断题

1. 任何焊接位置，电磁力都是促使熔滴向熔池过渡的。 ( )

2. 根据国家标准，直径不大于 2.5 mm 的焊条，其偏心度不应大于 7%。 ( )

3. 焊接重要产品时，每个焊工应配备一个焊条保温筒，施焊时将烘干的焊条放入焊条保温筒内。 ( )

三、单选题

1. 电焊手套的作用不包括________。

A. 防止焊工的手、臂烫伤

B. 绝缘作用

C. 防止焊工接触有害物质

2. 国家标准规定直径为 3.2 mm 和 4 mm 焊条，偏心度不应小于________。

A. 0.02　　B. 0.04　　C. 0.05　　D. 0.07

3. 熔滴上的作用力对熔滴过渡影响说法不正确的是________。

A. 电弧气体的吹力总是促进熔滴过渡

B. 斑点压力总是阻碍熔滴过渡

C. 平焊时表面张力阻碍熔滴过渡

D. 重力总是促进熔滴过渡

【选择焊接材料工作单】

计划单

<table>
<tr><td>学习领域</td><td colspan="3">焊条电弧焊</td></tr>
<tr><td>学习情境 1</td><td>焊条电弧焊焊前准备</td><td>任务 2</td><td>选择焊接材料</td></tr>
<tr><td>工作方式</td><td>组内讨论、团结协作，共同制订计划，小组成员进行工作讨论，确定工作步骤</td><td>学时</td><td>1</td></tr>
<tr><td colspan="2">完成人</td><td colspan="2">1.　　2.　　3.　　4.　　5.　　6.</td></tr>
<tr><td colspan="4">计划依据：1. 母材与焊材的选择原则；2. 小组分配的工作任务</td></tr>
<tr><td>序号</td><td colspan="2">计划步骤</td><td>具体工作内容描述</td></tr>
<tr><td></td><td colspan="2">准备工作
（准备焊接设备、焊条，谁去做？）</td><td></td></tr>
<tr><td></td><td colspan="2">组织分工
（人员具体负责完成什么工作？）</td><td></td></tr>
<tr><td></td><td colspan="2">设备焊前检查
（检查什么内容？）</td><td></td></tr>
<tr><td></td><td colspan="2">焊条试焊
（如何试焊？）</td><td></td></tr>
<tr><td></td><td colspan="2">焊缝状态记录
（谁去记录？记录什么内容？）</td><td></td></tr>
<tr><td></td><td colspan="2">整理资料
（谁负责？整理什么内容？）</td><td></td></tr>
<tr><td>制订计划说明</td><td colspan="3">写出制订计划中人员为完成任务给出的主要建议或可以借鉴的建议、需要解释的某一方面问题</td></tr>
<tr><td>计划评价</td><td colspan="3">评语：</td></tr>
<tr><td>班级</td><td></td><td>第　　组</td><td>组长签字</td><td></td></tr>
<tr><td>教师签字</td><td colspan="2"></td><td>日期</td><td></td></tr>
</table>

决策单

<table>
<tr><td>学习领域</td><td colspan="6">焊条电弧焊</td></tr>
<tr><td>学习情境 1</td><td colspan="2">焊条电弧焊焊前准备</td><td colspan="2">任务 2</td><td colspan="2">选择焊接材料</td></tr>
<tr><td>决策目的</td><td colspan="2">根据母材尺寸、焊材型号等要求准备焊接备品</td><td colspan="2">学时</td><td colspan="2">0. 5</td></tr>
<tr><td colspan="3">方案讨论</td><td colspan="2">组号</td><td colspan="2"></td></tr>
<tr><td rowspan="16">方案决策</td><td>组别</td><td>步骤
顺序性</td><td>步骤
合理性</td><td>实施可
操作性</td><td>选用工具
合理性</td><td>方案综合评价</td></tr>
<tr><td>1</td><td></td><td></td><td></td><td></td><td></td></tr>
<tr><td>2</td><td></td><td></td><td></td><td></td><td></td></tr>
<tr><td>3</td><td></td><td></td><td></td><td></td><td></td></tr>
<tr><td>4</td><td></td><td></td><td></td><td></td><td></td></tr>
<tr><td>5</td><td></td><td></td><td></td><td></td><td></td></tr>
<tr><td>1</td><td></td><td></td><td></td><td></td><td></td></tr>
<tr><td>2</td><td></td><td></td><td></td><td></td><td></td></tr>
<tr><td>3</td><td></td><td></td><td></td><td></td><td></td></tr>
<tr><td>4</td><td></td><td></td><td></td><td></td><td></td></tr>
<tr><td>5</td><td></td><td></td><td></td><td></td><td></td></tr>
<tr><td>1</td><td></td><td></td><td></td><td></td><td></td></tr>
<tr><td>2</td><td></td><td></td><td></td><td></td><td></td></tr>
<tr><td>3</td><td></td><td></td><td></td><td></td><td></td></tr>
<tr><td>4</td><td></td><td></td><td></td><td></td><td></td></tr>
<tr><td>5</td><td></td><td></td><td></td><td></td><td></td></tr>
<tr><td>方案评价</td><td colspan="6">评语：</td></tr>
</table>

班级		组长签字		教师签字		日期	

工具单

场地准备	教学仪器(工具)准备	资料准备
一体化焊接生产车间	焊条电弧焊焊机、焊条烘干机等设备，不同尺寸的焊条、焊接试板	焊接设备使用说明书

作业单

学习领域	焊条电弧焊		
学习情境 1	焊条电弧焊焊前准备	任务 2	选择焊接材料
参加焊条电弧焊焊前准备人员	第　　组		学时
			1
作业方式	小组分析，个人解答，现场批阅，集体评判		

序号	工作内容记录 (焊前母材、焊材等备品准备工作)	分工 (负责人)

小结	主要描述完成的成果及是否达到目标	存在的问题

班级		组别		组长签字	
学号		姓名		教师签字	
教师评分		日期			

检查单

<table>
<tr><td>学习领域</td><td colspan="4">焊条电弧焊</td></tr>
<tr><td>学习情境 1</td><td colspan="2">焊条电弧焊焊前准备</td><td>学时</td><td>20</td></tr>
<tr><td>任务 2</td><td colspan="2">选择焊接材料</td><td>学时</td><td>10</td></tr>
<tr><td>序号</td><td>检查项目</td><td>检查标准</td><td>学生自查</td><td>教师检查</td></tr>
<tr><td>1</td><td>任务书阅读与分析能力,正确理解及描述目标要求</td><td>准确理解任务要求</td><td></td><td></td></tr>
<tr><td>2</td><td>与同组同学协商,确定人员分工</td><td>较强的团队协作能力</td><td></td><td></td></tr>
<tr><td>3</td><td>查阅资料能力,市场调研能力</td><td>较强的资料检索能力和市场调研能力</td><td></td><td></td></tr>
<tr><td>4</td><td>资料的阅读、分析和归纳能力</td><td>较强的资料分析、报告撰写能力</td><td></td><td></td></tr>
<tr><td>5</td><td>焊条电弧焊的试焊</td><td>较强的工艺确定及操作能力</td><td></td><td></td></tr>
<tr><td>6</td><td>安全生产与环保</td><td>符合“5S”要求</td><td></td><td></td></tr>
<tr><td>7</td><td>事故的分析诊断能力</td><td>事故处理得当</td><td></td><td></td></tr>
<tr><td>检查
评价</td><td colspan="4">评语:</td></tr>
</table>

<table>
<tr><td>班级</td><td></td><td>组别</td><td></td><td>组长签字</td><td colspan="2"></td></tr>
<tr><td>教师签字</td><td colspan="4"></td><td>日期</td><td></td></tr>
</table>

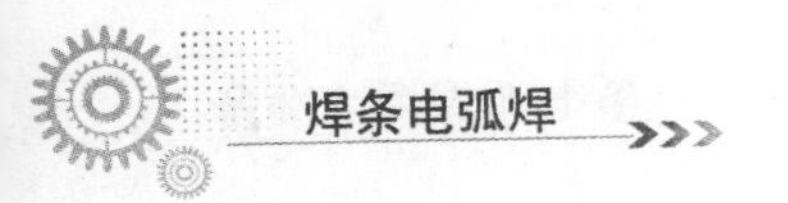

评价单

学习领域	焊条电弧焊					
学习情境 1	焊条电弧焊焊前准备		任务 2		选择焊接材料	
评价学时			课内 0.5 学时			
班级		第　组				
考核情境	考核内容及要求	分值	学生自评（10%）	小组评分（20%）	教师评分（70%）	实际得分
计划编制（20 分）	资源利用率	4				
	工作程序的完整性	6				
	步骤内容描述	8				
	计划的规范性	2				
工作过程（40 分）	保持焊接设备及配件的完整性	10				
	焊接作业及安全作业的管理	20				
	工艺分析的准确性	10				
团队情感（25 分）	核心价值观	5				
	创新性	5				
	参与率	5				
	合作性	5				
	劳动态度	5				
安全文明（10 分）	工作过程中的安全保障情况	5				
	工具正确使用和保养、放置规范	5				
工作效率（5 分）	能够在要求的时间内完成，每超时 5 min 扣 1 分	5				
总分		100				

小组成员评价单

学习领域	焊条电弧焊			
学习情境 1	焊条电弧焊焊前准备	任务 2	选择焊接材料	
班级		第　组	成员姓名	
评分说明	每个小组成员评价分为自评和小组其他成员评价两部分，取平均值，作为该小组成员的任务评价个人分数。评价项目共设计 5 个，依据评分标准给予合理量化打分。小组成员自评后，要找小组其他成员以不记名方式打分			

表(续1)

对象	评分项目	评分标准	评分
自评 (100分)	核心价值观(20分)	是否有违背社会主义核心价值观的思想及行动	
	工作态度(20分)	是否按时完成负责的工作内容、遵守纪律,是否积极主动参与小组工作,是否全过程参与,是否吃苦耐劳,是否具有工匠精神	
	交流沟通(20分)	是否能良好地表达自己的观点,是否能倾听他人的观点	
	团队合作(20分)	是否与小组成员合作完成任务,做到相互协作、互相帮助、听从指挥	
	创新意识(20分)	看问题是否能独立思考,提出独到见解,是否能够利用创新思维解决遇到的问题	
成员1 (100分)	核心价值观(20分)	是否有违背社会主义核心价值观的思想及行动	
	工作态度(20分)	是否按时完成负责的工作内容、遵守纪律,是否积极主动参与小组工作,是否全过程参与,是否吃苦耐劳,是否具有工匠精神	
	交流沟通(20分)	是否能良好地表达自己的观点,是否能倾听他人的观点	
	团队合作(20分)	是否与小组成员合作完成任务,做到相互协作、互相帮助、听从指挥	
	创新意识(20分)	看问题是否能独立思考,提出独到见解,是否能够利用创新思维解决遇到的问题	
成员2 (100分)	核心价值观(20分)	是否有违背社会主义核心价值观的思想及行动	
	工作态度(20分)	是否按时完成负责的工作内容、遵守纪律,是否积极主动参与小组工作,是否全过程参与,是否吃苦耐劳,是否具有工匠精神	
	交流沟通(20分)	是否能良好地表达自己的观点,是否能倾听他人的观点	
	团队合作(20分)	是否与小组成员合作完成任务,做到相互协作、互相帮助、听从指挥	
	创新意识(20分)	看问题是否能独立思考,提出独到见解,是否能够利用创新思维解决遇到的问题	
成员3 (100分)	核心价值观(20分)	是否有违背社会主义核心价值观的思想及行动	
	工作态度(20分)	是否按时完成负责的工作内容、遵守纪律,是否积极主动参与小组工作,是否全过程参与,是否吃苦耐劳,是否具有工匠精神	

表(续2)

对象	评分项目	评分标准	评分
成员3(100分)	交流沟通(20分)	是否能良好地表达自己的观点,是否能倾听他人的观点	
	团队合作(20分)	是否与小组成员合作完成任务,做到相互协作、互相帮助、听从指挥	
	创新意识(20分)	看问题是否能独立思考,提出独到见解,是否能够利用创新思维解决遇到的问题	
成员4(100分)	核心价值观(20分)	是否有违背社会主义核心价值观的思想及行动	
	工作态度(20分)	是否按时完成负责的工作内容、遵守纪律,是否积极主动参与小组工作,是否全过程参与,是否吃苦耐劳,是否具有工匠精神	
	交流沟通(20分)	是否能良好地表达自己的观点,是否能倾听他人的观点	
	团队合作(20分)	是否与小组成员合作完成任务,做到相互协作、互相帮助、听从指挥	
	创新意识(20分)	看问题是否能独立思考,提出独到见解,是否能够利用创新思维解决遇到的问题	
成员5(100分)	核心价值观(20分)	是否有违背社会主义核心价值观的思想及行动	
	工作态度(20分)	是否按时完成负责的工作内容、遵守纪律,是否积极主动参与小组工作,是否全过程参与,是否吃苦耐劳,是否具有工匠精神	
	交流沟通(20分)	是否能良好地表达自己的观点,是否能倾听他人的观点	
	团队合作(20分)	是否与小组成员合作完成任务,做到相互协作、互相帮助、听从指挥	
	创新意识(20分)	看问题是否能独立思考,提出独到见解,是否能够利用创新思维解决遇到的问题	
最终小组成员得分			

课后反思

<table>
<tr><td colspan="2">学习领域</td><td colspan="4">焊条电弧焊</td></tr>
<tr><td colspan="2">学习情境 1</td><td colspan="2">焊条电弧焊焊前准备</td><td>任务 2</td><td>选择焊接材料</td></tr>
<tr><td>班级</td><td></td><td>第　　组</td><td colspan="2">成员姓名</td><td></td></tr>
<tr><td colspan="2">情感反思</td><td colspan="4">通过对本任务的学习和实训,你认为自己在社会主义核心价值观、职业素养、学习和工作态度等方面有哪些需要提高的部分?</td></tr>
<tr><td colspan="2">知识反思</td><td colspan="4">通过对本任务的学习,你掌握了哪些知识点?请画出思维导图。</td></tr>
<tr><td colspan="2">技能反思</td><td colspan="4">在完成本任务的学习和实训过程中,你主要掌握了哪些技能?</td></tr>
<tr><td colspan="2">方法反思</td><td colspan="4">在完成本任务的学习和实训过程中,你主要掌握了哪些分析和解决问题的方法?</td></tr>
</table>

【焊接小故事】

桃李芬芳的舒裕老师

“搞焊接就要啃硬骨头。”舒裕总是这样对徒弟们说。舒裕是哈尔滨锅炉厂有限责任公司的一名员工，自参加工作以来，他扎根生产一线，任劳任怨，脚踏实地学习焊接理论知识，利用业余时间苦练焊接操作基本功，几年间他练功所用过的试板就有好几吨，实际操作水平迅速提高，很快成为分厂焊接操作骨干力量，多次承担分厂急难险重的焊接工作。公司某出口项目，由于管屏产品上曲线位置无法实现机械焊接，且业主要求手工焊效果要等同于机械焊，这无疑是一场人与机器的较量。舒裕主动请缨，用焊缝100%一次合格且成型优良交出了一份满意的答卷；公司引进的全国首台百万机组锅炉集箱为新型P91耐热钢材质，焊接冷裂纹、热裂纹倾向大，他承担了全部P91材料大口径管道的焊接，创造了焊口合格率100%的记录；他多次参与电厂的突发故障抢修，在某核电厂的故障抢修中，针对厚板结构焊缝微裂纹的现象，他力排众议提出独到见解，设计焊接和热处理方案，成功地排除了核电装备的安全隐患。

舒裕总想着搞技术要有自己的独门秘籍，他不断总结焊接经验，积极开拓创新，研发高效的焊接方法。经过无数次的试炼，他率先采用CO_2气体保护焊焊接马鞍形接管，使马鞍形接管的焊接质量、焊接效率大幅提高，成本降低50%以上。此项技术的应用填补了行业空白，为集箱管接头焊接智能化设备的应用奠定了基础。他研发的“舒裕-密排管高效焊接法”荣获全国机械冶金建材行业职工技术创新成果二等奖；他研发的“小口径管子内孔焊接坡口结构改进项目”获得全国机械行业职工技术创新成果优秀奖。这些专利让自主知识产权牢牢地掌握在企业手里。

舒裕作为一名拥有30多年焊接经验的老焊工，一步步成长为哈尔滨锅炉厂有限责任公司首席技师、焊接高级技师、工艺部焊接实验室主任。随着经验的不断积累，舒裕成为企业的一把“尖刀”，这时的他觉得一个人的力量是有限的，于是开始积极传道授业，将自己的焊接经验总结归纳，并无私地传授给徒弟们，每年要为公司做200余人次的焊接培训工作。他先后荣获“全国杰出青年岗位能手”“黑龙江省五一劳动奖章”“龙江工匠”等荣誉称号，并当选北京奥运会火炬手；曾受到时任国家领导人江泽民、胡锦涛的亲切接见；以舒裕名字命名的“舒裕创新工作室”系省级创新工作室，先后被命名为“哈尔滨市示范性劳模创新工作室”“黑龙江省高技能人才(劳模)创新工作室”“全国机械冶金建材行业示范性创新工作室”。看到企业里一批批焊接人才不断涌现，舒裕常常说“这就是我职业的意义”。

学习情境 2　焊条电弧焊平敷焊

【学习指南】

【情境导入】

某空气储罐生产企业对空气储罐上的焊缝有相应的质量要求,作为焊接人员需按照检测标准及规定对该空气储罐焊缝加工进行技术分解,拆分为多个焊位的焊接作业。本学习情境对空气储罐支撑架底座部分的焊缝技术要点进行分析,设定为焊接平敷焊。学生需要初步掌握电弧燃烧的焊接手法,对电弧燃烧、焊接手法、安全作业都要有一定的认识;在教师的指导下能合理调节焊接平敷板的工艺参数;能采用正确的安全要求和操作手法操作,完成电弧的连续燃烧作业,进一步练习焊接轨迹沿直线运动;同时应保证生产安全,正确使用防护用品,遵守安全纪律。图 2-1 所示为工作中的空气储罐。

图 2-1　工作中的空气储罐

【学习目标】

知识目标:

1. 能够准确说出平敷焊的基本知识;
2. 能够准确说出焊接接头制备的设备名称;
3. 能够准确说出平敷焊的平、横、立、仰位置操作要点及其区别。

能力目标:

1. 能够按照焊接接头制备设备的安全操作规程启动、关闭设备;

2. 能够根据平敷焊试件的尺寸要求制备待用平敷焊试件；
3. 能够安全、完整地完成平敷焊作业；
4. 在焊接过程中能够根据焊缝成型外观实时分析焊接接头质量。

素质目标：

1. 树立勇于担当、团队合作的职业素养；
2. 初步养成工匠精神，以劳增智、以劳创新；
3. 遵守实训室规章制度；
4. 按时完成工作任务。

任务 1　焊接平敷板的制备

【任务工单】

<table>
<tr><td>学习领域</td><td colspan="6">焊条电弧焊</td></tr>
<tr><td>学习情境 2</td><td colspan="2">焊条电弧焊平敷焊</td><td colspan="2">任务 1</td><td colspan="2">焊接平敷板的制备</td></tr>
<tr><td colspan="3">任务学时</td><td colspan="4">10</td></tr>
<tr><td colspan="7">布置任务</td></tr>
<tr><td>工作目标</td><td colspan="6">1. 掌握备料、装配基础知识；
2. 能读懂焊条电弧焊焊机的参数信息；
3. 会正确安装焊接设备，会调节焊条电弧焊焊机焊接电流；
4. 能识别、区分不同的焊接设备；
5. 能根据焊接安全、清洁和环境要求，严格按照焊接工艺完成作业</td></tr>
<tr><td>任务描述</td><td colspan="6">学生根据企业生产的相应要求，按照焊接工序的安排，制备平敷焊试板</td></tr>
<tr><td>学时安排</td><td>资讯
4 学时</td><td>计划
1 学时</td><td>决策
1 学时</td><td>实施
3 学时</td><td>检查
0.5 学时</td><td>评价
0.5 学时</td></tr>
<tr><td>提供资料</td><td colspan="6">1.《国际焊接工程师培训教程》(2013 版)　哈尔滨焊接技术培训中心；
2.《国际焊接技师培训教程》(2013 版)　哈尔滨焊接技术培训中心；
3.《焊条电弧焊》　人力资源和社会保障部教材办公室主编，中国劳动社会保障出版社，2009 年 5 月；
4.《焊条电弧焊》　侯勇主编，机械工业出版社，2018 年 5 月；
5. 利用网络资源进行咨询</td></tr>
<tr><td>对学生的要求</td><td colspan="6">1. 掌握一定的焊接专业基础知识(焊接方法、工艺、生产流程)，经历了专业实习，对焊接企业的产品及行业领域有一定的了解；
2. 具有独立思考、善于发现问题的良好习惯，能对任务书进行分析，能正确理解和描述目标要求；
3. 具有查询资料和市场调研能力，具备严谨求实和开拓创新的学习态度</td></tr>
</table>

资讯单

<table>
<tr><td>学习领域</td><td colspan="3">焊条电弧焊</td></tr>
<tr><td>学习情境 2</td><td>焊条电弧焊平敷焊</td><td>任务 1</td><td>焊接平敷板的制备</td></tr>
<tr><td colspan="2">资讯学时</td><td colspan="2">4</td></tr>
<tr><td>资讯方式</td><td colspan="3">在图书馆查询相关杂志、图书,利用互联网查询相关资料,咨询任课教师</td></tr>
<tr><td rowspan="19">资讯内容</td><td rowspan="13">知识点</td><td rowspan="8">试件制备设备</td><td>问题:请看一看该校的焊条电弧焊焊机是哪种类型的电焊机</td></tr>
<tr><td>问题:请检查一下该校焊接设备铭牌是否完整</td></tr>
<tr><td>问题:请检查一下该校气割设备是否完好</td></tr>
<tr><td>问题:请检查一下该校气割设备的配件是否齐全</td></tr>
<tr><td>问题:请记录气割设备的割嘴型号</td></tr>
<tr><td>问题:使用气割机时,你能实时监测气瓶压力吗?</td></tr>
<tr><td>问题:请在使用气割设备时观察气割速度</td></tr>
<tr><td>问题:你能根据尺寸要求切割出试板吗?</td></tr>
<tr><td rowspan="5">平敷板表面准备</td><td>问题:什么是角磨机?</td></tr>
<tr><td>问题:角磨机和直磨机有什么区别?</td></tr>
<tr><td>问题:角磨机的打磨片都有哪些型号?你用的角磨机使用的是什么型号的打磨片?</td></tr>
<tr><td>问题:待焊试件表面有金属光泽时可以对焊接质量产生哪些影响?</td></tr>
<tr><td>问题:请开动脑筋想一想,你在焊接练习时都采用了哪些方法降低训练成本?</td></tr>
<tr><td rowspan="2">技能点</td><td colspan="2">完成使用气割设备制备待焊工件</td></tr>
<tr><td colspan="2">能独立完成焊件表面的预处理工作</td></tr>
<tr><td rowspan="3">思政点</td><td colspan="2">培养学生的爱国情怀和民族自豪感,做到爱国敬业、诚信友善</td></tr>
<tr><td colspan="2">培养学生树立质量意识、安全意识,认识到我们每一个人都是工程建设质量的守护者</td></tr>
<tr><td colspan="2">培养学生具有社会责任感和社会参与意识</td></tr>
<tr><td>学生需要单独资询的问题</td><td colspan="2"></td></tr>
</table>

【课前自学】

知识点 1:试件制备

根据焊接生产的工序安排,焊前需要完成试件制备,使用剪板机等加工设备、打磨设备进行备料。备料现场如图 2-2 所示。

图 2-2　备料现场

一、焊接平敷板要求

试板尺寸要求如图 2-3 所示。

技术要求:

1. 试件材料 Q355B;
2. 尺寸 200 mm×300 mm×10 mm。

图 2-3　Q355B 钢板平敷焊焊条电弧焊试板图

二、常见焊接试件加工方法

应根据焊接试件的尺寸、形状采用不同的加工方法来制备焊接试件,目前常用以下几种加工方法。

1. 剪切

使用剪板机进行剪切，可制备I型坡口。这种方法适用于较薄钢板，生产效率高、加工方便，剪切后板边即能符合焊接要求，但不能加工有角度的坡口。使用剪板机需要认真执行《锻压设备通用操作规程》有关规定。

剪板机剪切后应能保证被剪板料剪切面的直线度和平行度符合相应要求，并尽量减少板材扭曲，以获得高质量的工件。剪板机的上刀片固定在刀架上，下刀片固定在工作台上。工作台上安装有托料球，以使板料在其上滑动时不被划伤。后挡料用于板料定位，其位置由电机进行调节。压料缸用于压紧板料，以防止板料在剪切时移动。护栏是安全装置，以防止发生工伤事故。回程一般靠氮气提供动力，速度快、冲击小。剪板机如图2-4所示。

图2-4　剪板机

工作前应认真做到：

(1)在空运转试车之前，应先用人工盘车一个工作行程，确认正常后才能开动设备。

(2)有液压装置的设备储油箱油量应充足。启动油泵后检查阀门、管路是否有泄漏现象，压力应符合要求。打开放气阀将系统中的空气放掉。

工作中应认真做到：

(1)不允许剪切叠合板料，不允许修剪毛边板料的边缘，不允许剪切压不紧的狭窄板料和短料。

(2)刀板间的间隙应根据板料的厚度调整，但不得大于板厚的1/30。刀板应紧固牢靠，上、下刀板面保持平行，调整后应用人工盘车检验，以免发生意外。

(3)刀板刃口应保持锋利，如刃口变钝或有崩裂现象应及时更换。

(4)剪切时，压料装置应牢牢地压紧板料，不允许在压不紧的状态下进行剪切。

(5)有液压装置的设备，除节流伐以外不允许私自调整其他液压阀门。

(6)液压摆式剪板机剪切板料的厚度，应根据“板料极限强度与板厚关系曲线图”来确定。

工作后应将上刀板落在最下位置。操作前要穿紧身防护服，袖口扣紧，上衣下摆不能敞开，不得在开动的机床旁穿脱衣服，或围布于身上，以防止被机器绞伤。必须戴好安全帽，长发应放入帽内，不得穿裙子、拖鞋。剪板机操作人员必须熟悉剪板机主要结构、性能

和使用方法。

剪板机适用于剪切材料厚度为机床额定值的各种钢板、铜板、铝板及非金属材料板材，而且必须是无硬痕、焊渣、夹渣、焊缝的材料，不允许超厚度使用。剪板机的使用方法：按照被剪材料的厚度调整刀片的间隙；根据被剪材料的宽度调整靠模或夹具；剪板机操作前先进行1~3次空行程，正常后才可实施剪切工作。使用中如发现机器运行不正常，应立即切断电源停机检查。调整机床时，必须切断电源，移动工件时，应注意手的安全。剪板机各部件应保持润滑，每班应由操作工加注润滑油一次，每半年由机修工对滚动轴承部位加注润滑油一次。

2. 刨边

刨边即使用刨床或刨边机进行直边加工、制备坡口。这种方法加工的坡口尺寸精度较高。刨床是用刨刀对工件的平面、沟槽或成型表面进行刨削的机床（图2-5）。刨床是利用刀具和工件之间产生相对的直线往复运动来达到刨削工件表面的目的的。往复运动是刨床上的主运动。刨床除了有主运动外，还有辅助运动，也叫进刀运动，刨床的进刀运动是工作台（或刨刀）的间歇移动。在刨床上可以刨削水平面、垂直面、斜面、曲面、台阶面、燕尾形工件、T型槽、V型槽，也可以刨削孔、齿轮和齿条等。使用刨床时应认真执行《金属切削机床通用操作规程》的有关规定。

图2-5　刨床

工作前应认真做到：

（1）检查进给棘轮罩，应安装正确、紧固牢靠，严防进给时松动。

（2）空运转试车前，应先用手盘车使滑枕来回运动，确认情况良好后再机动运转。

工作中应认真做到：

（1）横梁升降时须先松开锁紧螺钉，工作时应将螺钉拧紧。

（2）不允许在机床运转中调整滑枕行程。调整滑枕行程时，不允许用敲打的方法来松开或压紧调整把手。

（3）滑枕行程不得超过规定范围。使用较长行程时不允许开高速。

（4）工作台机动进给或用手摇动时，应注意丝杠行程的限度，防止丝杠、螺母脱开或撞击损坏机床。

（5）装卸虎钳时应轻拿轻放，以免碰伤工作台。

3. 车削

一般用坡口机进行车削加工。坡口机是管道或平板在焊接前端面时进行倒角坡口的专用工具(图 2-6)。平板坡口机属于坡口机的一种,适用于焊接前金属板材的去毛刺和坡口加工,对钢板边缘按所需角度进行剪切,以得到焊接所需的坡口。平板坡口机又可分为手提式平板坡口机、自动行走平板坡口机、固定式平板坡口机。使用时要注意:

(1)使用前要检查电气绝缘是否良好,接地是否可靠,使用时应戴绝缘手套,穿绝缘鞋或垫绝缘垫。

(2)切削前检查转动部分有无异常,润滑是否良好,并点车试验,无问题后方可切削。

(3)在炉内工作时,必须两人协作同时进行。

(4)在进行切削时,工件要紧固。工作中须在铁板中间吃刀,切削进刀量要递增,但每次进刀不得超过 2 mm。

(5)使用完毕要切断电源。

当要加工较长、较重或无法搬动的管子时,可采用移动式的管子坡口机进行切削,如图 2-6(b)所示。管坡口机是管道或平板在焊接前端面时进行倒角坡口的专用工具,弥补了传统加工坡口的操作工艺的角度不规范、坡面粗糙、工作噪声大等缺点,具有操作简便、角度标准、表面光滑等优点。

(a)平板坡口机

(b)移动式电动管坡口机

图 2-6　坡口机

4. 铣削

铣削指使用坡口铣边机对板材或管材进行坡口加工。这种方法所用设备结构简单、操作方便、功效高;但受铣刀结构的限制,不能加工 U 型坡口,坡口的钝边部分也无法加工。坡口铣边机如图 2-7 所示。使用时要注意:

(1)操作前要穿紧身防护服,袖口扣紧,上衣下摆不能敞开,不能在开动的机器旁穿脱衣服,必须戴好安全帽,长发应放入帽内,不得穿裙子、拖鞋。

(2)工作时先检查液压和走刀状况,开机、停机后都应保证走刀速度为零。

(3)工件加工应符合设备规范,严禁超负荷使用。

(4)工件加工前应去掉割渣,始终保持工作台面干净。

(5)电气、控制系统要保持干燥,并有良好的接地。

(6)机床工作时,人员严禁离开工作岗位,人离即关机断电。

图 2-7　坡口铣边机

5. 切割

切割是一种使用很广的坡口加工方法,它可以加工 V 型、X 型坡口,但不能加工 U 型坡口。火焰切割操作简便,但坡口边缘不够平整,尺寸不太精确,生产效率低,一般用于小件加工或小批量生产。成批生产时可采用机械切割和自动切割。为了提高切割效率,可在切割机上装置两把或三把割炬,一次进行 V 型和 X 型坡口的切割。图 2-8 所示为半自动火焰切割机,其操作要点如下:

(1)根据切割工件的厚度选择割嘴和气体压力。

(2)检查切割工件和号料线是否符合要求,并清除割缝两侧 30~50 mm 内的铁锈、油污。

(3)切割前应手推小车在导轨上运行,检查导轨两端是否对齐,调整割嘴位置或导轨,确保在小车运行过程中上割嘴对准号料线。切割线与号料线的允许偏差为±1.5 mm。

(4)切割前还应在试验钢板上进行试切割,以调整火焰大小、氧气压力、小车行走速度等,并检查风线是否为笔直而清晰的圆柱体。

(5)当氧气瓶的气压低于工作压力时必须停机换瓶。

(6)切割时,先加热钢材边缘至赤红,再开启切割氧阀门,在燃烧穿透钢材底部后才可让小车移动。

(7)切割焊接坡口时要根据坡口角度要求偏转割嘴,且割速要比垂直气割时慢,氧气压力应稍大。

(8)对于较薄的板件,割嘴不应垂直于工件,需偏斜一定角度,且速度要快,预热火焰能率要小。

(9)切割过程中若发生回火,应先关乙炔阀,后关切割氧阀。

(10)切割时若发现割嘴堵塞,应及时停机打通。

(11)切割完毕应清除熔渣,并对工件进行检查。

图 2-8　半自动火焰切割机

三、平敷板加工

平敷焊试板材料为 Q355B，I 型坡口，尺寸为 200 mm×300 mm×10 mm。通常采用下面两种加工方法：

（1）采用墨盒在厚度为 10 mm 的 Q355B 钢板上画切割线，用半自动火焰切割机或者数控火焰切割机沿着切割线切割，得到所需试板。

（2）采用墨盒在厚度为 10 mm、宽度为 200 mm 或 300 mm 的 Q355B 钢带上画切割线，采用剪板机沿着切割线剪切。

知识点 2：平敷板表面准备

焊前使用抛光设备角磨机清理待焊部位的油、锈及其他污物，直至露出金属光泽（图 2-9）。使用设备如下。

一、角磨机

角磨机是一种底座式电动工具，它主要通过砂轮或者磨盘对工件进行加工、切割或者抛光。角磨机的主要部件包括电动机、齿轮、传动链条和砂轮等，可以根据需要更换不同种类和规格的切割和研磨轮。角磨机如图 2-10 所示。

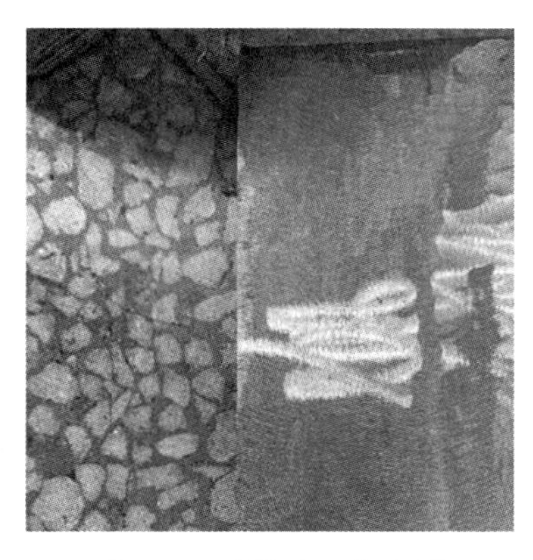

图 2-9　试件表面状态图

图 2-10　角磨机

1. 角磨机的工作原理和适用范围

角磨机采用高速旋转的砂轮或者磨盘对工件进行加工。角磨机具有结构紧凑、输出功率大、操作方便、加工效率高、应用范围广等特点，在金属、建筑、机械加工等行业都有广泛的应用。

2. 角磨机在金属抛光方面的应用

角磨机非常适合用于金属抛光。金属表面的颗粒、毛刺和划痕可以利用角磨机进行研磨和抛光。使用角磨机抛光可以让金属表面变得光滑，使其具有更好的质感和外观。同时，角磨机在抛光方面还具有以下优点：

(1)抛光效果好：角磨机的砂轮转速快，加工效率高，可以清除污垢、毛刺和解决表面不规则等问题。

(2)操作方便：角磨机采用手持式设计，易于操作和控制。

(3)适用范围广：角磨机不仅适用于不同种类和形状的金属，还可以用于陶瓷、石材、玻璃等材料的加工。

3. 使用角磨机抛光需要注意的问题

在使用角磨机进行抛光时，需要注意以下几点：

(1)选择合适的砂轮：不同的材料需要使用不同规格和类型的砂轮，因此在选择砂轮时要根据具体情况进行选择。

(2)注意安全：操作角磨机时需要佩戴防护眼镜和手套，以免发生意外。

(3)控制转速：角磨机的转速很快，因此需要控制转速以避免砂轮损坏或者其他意外发生。

(4)使用润滑剂：在进行金属抛光时，可以使用润滑剂以减少热量和摩擦。

总之，角磨机是金属抛光常用的工具之一，但在使用时需要注意安全，应选择合适的砂轮，控制适当的转速以及使用润滑剂等。

二、台虎钳

台虎钳又称虎钳，是用来夹持工件的通用夹具，装置在工作台上，用以夹稳加工工件。转盘式的钳体可旋转，使工件旋转到合适的工作位置。台虎钳如图 2-11 所示。

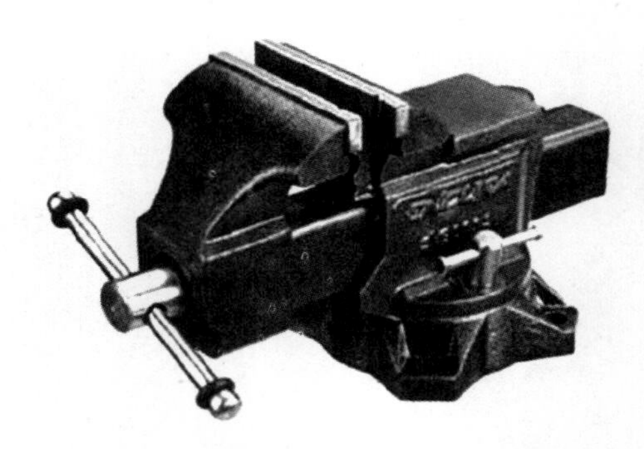

图 2-11　台虎钳

台虎钳为钳工必备工具，也是“钳工”名称的由来，这是因为钳工的大部分工作都是在台虎钳上完成的，比如锯、锉、錾以及零件的装配和拆卸等。台虎钳安装在钳工台上，以钳口的宽度为标定规格，常见规格为 75~300 mm。

台虎钳由钳体、底座、导螺母、丝杠、钳口体等结构组成。活动钳身通过导轨与固定钳身的导轨进行滑动配合。丝杠装在活动钳身上,可以旋转,但不能轴向移动,并与安装在固定钳身内的丝杠螺母配合。当摇动手柄使丝杠旋转时,就可以带动活动钳身相对于固定钳身做轴向移动,起到夹紧或放松的作用。弹簧借助挡圈和开口销固定在丝杠上,其作用是当放松丝杠时,可使活动钳身及时退出。在固定钳身和活动钳身上各装有钢制钳口,并用螺钉固定。钳口的工作面上制有交叉的网纹,使工件夹紧后不易滑动。钳口经过热处理淬硬,具有较好的耐磨性。固定钳身装在转座上,并能绕转座轴心线转动,当转到要求的方向时,扳动夹紧手柄使夹紧螺钉旋紧,便可在夹紧盘的作用下将固定钳身固紧。转座上有 3 个螺栓孔,用于将台虎钳与钳台固定。

【任务实施】

一、工作准备

1. 设备与工具

坡口铣边机、电动车管机、刨床、角磨机、台虎钳、剪板机等设备,以及设备说明书。

安全护具,如安全帽手套、工作服、口罩、护目镜等。

2. 加工材料

Q235 钢板/钢带。

二、工作程序

1. 分析加工要求

选择使用制备试样:剪板机、切割机。

检查设备是否正常运行,说明书及配件是否配备完好。

3. 制备试板

在老师的指导下,根据设备说明书,使用剪板机制备平敷焊焊接试板。

4. 尺寸检查

检查试板尺寸是否符合后续工序使用要求。

5. 作业完毕整理

关闭设备,配件摆放在指定位置,工件按规定堆放,清扫场地,保持整洁。最后要确认设备断电、高温试件附近无可燃物等有可能引起火灾、爆炸的隐患后,方可离开。

【做一做】

一、判断题

1. 板材对接焊缝立焊试件的位置代号为 2G。 (　　)

2. 堆焊是为增大或恢复焊件尺寸,或使焊件表面获得具有特殊性能的熔敷金属而进行的焊接。 (　　)

二、单选题

1. 焊工操作技能考试不合格者,允许在________个月内补考一次。

A. 1　　　　B. 3　　　　C. 6

2. 堆焊两相邻焊道之间凹下量不得大于________ mm。

A. 1.0　　B. 1.5　　C. 2.0　　D. 2.5

3. 申请“特种设备作业人员证”的人员，应当首先向________质量技术监督部门指定的特种设备作业人员考试机构报名参加考试。

A. 省级或国家　　B. 市级　　C. 县级

三、问答题

气割是什么？

【焊接平敷板的制备工作单】

计划单

学习领域	焊条电弧焊		
学习情境2	焊条电弧焊平敷焊	任务1	焊接平敷板的制备
工作方式	组内讨论、团结协作，共同制订计划，小组成员进行工作讨论，确定工作步骤	学时	1
完成人		1.　2.　3.　4.　5.　6.	
计划依据：1. 被检工件的图纸；2. 教师分配的工作任务			
序号	计划步骤	具体工作内容描述	
	准备工作 （准备设备、材料，谁去做？）		
	组织分工 （剪板、切割，人员具体分工如何？）		
	划线量尺 （制备尺寸是什么？）		
	制备作业 （如何制备？）		
	工件检查 （谁去检查？检查什么内容？）		
	整理资料 （谁负责？整理什么内容？）		
制订计划说明	写出制订计划中人员为完成任务提出的主要建议或可以借鉴的建议、需要解释的某一方面问题		
计划评价	评语：		
班级		第　　组	组长签字
教师签字		日期	

决策单

<table>
<tr><td>学习领域</td><td colspan="6">焊条电弧焊</td></tr>
<tr><td>学习情境 2</td><td colspan="2">焊条电弧焊平敷焊</td><td colspan="2">任务 1</td><td colspan="2">焊接平敷板的制备</td></tr>
<tr><td>决策目的</td><td colspan="2">本次人员分工如何安排？具体工作内容有哪些？</td><td colspan="2">学时</td><td colspan="2">0.5</td></tr>
<tr><td colspan="3">方案讨论</td><td colspan="2">组号</td><td colspan="2"></td></tr>
<tr><td rowspan="16">方案决策</td><td>组别</td><td>步骤
顺序性</td><td>步骤
合理性</td><td>实施可
操作性</td><td>选用工具
合理性</td><td>方案综合评价</td></tr>
<tr><td>1</td><td></td><td></td><td></td><td></td><td></td></tr>
<tr><td>2</td><td></td><td></td><td></td><td></td><td></td></tr>
<tr><td>3</td><td></td><td></td><td></td><td></td><td></td></tr>
<tr><td>4</td><td></td><td></td><td></td><td></td><td></td></tr>
<tr><td>5</td><td></td><td></td><td></td><td></td><td></td></tr>
<tr><td>1</td><td></td><td></td><td></td><td></td><td></td></tr>
<tr><td>2</td><td></td><td></td><td></td><td></td><td></td></tr>
<tr><td>3</td><td></td><td></td><td></td><td></td><td></td></tr>
<tr><td>4</td><td></td><td></td><td></td><td></td><td></td></tr>
<tr><td>5</td><td></td><td></td><td></td><td></td><td></td></tr>
<tr><td>1</td><td></td><td></td><td></td><td></td><td></td></tr>
<tr><td>2</td><td></td><td></td><td></td><td></td><td></td></tr>
<tr><td>3</td><td></td><td></td><td></td><td></td><td></td></tr>
<tr><td>4</td><td></td><td></td><td></td><td></td><td></td></tr>
<tr><td>5</td><td></td><td></td><td></td><td></td><td></td></tr>
<tr><td>方案评价</td><td colspan="6">评语：</td></tr>
</table>

班级		组长签字		教师签字		日期	

工具单

场地准备	教学仪器(工具)准备	资料准备
一体化焊接生产车间	剪板机、火焰切割机等	设备的使用说明书； 工件制备尺寸工艺卡； 班级学生名单

作业单

学习领域	焊条电弧焊		
学习情境 2	焊条电弧焊平敷焊	任务 1	焊接平敷板的制备
参加焊条电弧焊平敷焊人员	第　　组		学时
			1
作业方式	小组分析，个人解答，现场批阅，集体评判		

序号	工作内容记录 (工件制备尺寸的实际工作)	分工 (负责人)

小结	主要描述完成的成果及是否达到目标	存在的问题

班级		组别		组长签字	
学号		姓名		教师签字	
教师评分		日期			

检查单

学习领域	焊条电弧焊			
学习情境 2	焊条电弧焊平敷焊	学时	20	
任务 1	焊接平敷板的制备	学时	10	
序号	检查项目	检查标准	学生自查	教师检查
1	任务书阅读与分析能力，正确理解及描述目标要求	准确理解任务要求		
2	与同组同学协商，确定人员分工	较强的团队协作能力		
3	多种设备使用的操作能力	较强的设备使用能力		
4	资料的阅读、分析和归纳能力	较强的资料分析、报告撰写能力		
5	板的制备	较强的设备操作能力		
6	安全生产与环保	符合“5S”要求		
7	事故的分析诊断能力	事故处理得当		
检查评价	评语：			
班级		组别		组长签字
教师签字			日期	

评价单

学习领域	焊条电弧焊					
学习情境 2	焊条电弧焊平敷焊		任务 1		焊接平敷板的制备	
评价学时			课内 0.5 学时			
班级		第　组				
考核情境	考核内容及要求	分值	学生自评（10%）	小组评分（20%）	教师评分（70%）	实际得分
计划编制（20 分）	资源利用率	4				
	工作程序的完整性	6				
	步骤内容描述	8				
	计划的规范性	2				
工作过程（40 分）	保持焊接设备及配件的完整性	10				
	工件制备	20				
	表面状态	10				
团队情感（25 分）	核心价值观	5				
	创新性	5				
	参与率	5				
	合作性	5				
	劳动态度	5				
安全文明（10 分）	工作过程中的安全保障情况	5				
	工具正确使用和保养、放置规范	5				
工作效率（5 分）	能够在要求的时间内完成，每超时 5 min 扣 1 分	5				
总分		100				

小组成员评价单

学习领域	焊条电弧焊			
学习情境 2	焊条电弧焊平敷焊	任务 1	焊接平敷板的制备	
班级		第　组	成员姓名	
评分说明	每个小组成员评价分为自评和小组其他成员评价两部分，取平均值，作为该小组成员的任务评价个人分数。评价项目共设计 5 个，依据评分标准给予合理量化打分。小组成员自评后，要找小组其他成员以不记名方式打分			

表(续1)

对象	评分项目	评分标准	评分
自评(100分)	核心价值观(20分)	是否有违背社会主义核心价值观的思想及行动	
	工作态度(20分)	是否按时完成负责的工作内容、遵守纪律,是否积极主动参与小组工作,是否全过程参与,是否吃苦耐劳,是否具有工匠精神	
	交流沟通(20分)	是否能良好地表达自己的观点,是否能倾听他人的观点	
	团队合作(20分)	是否与小组成员合作完成任务,做到相互协作、互相帮助、听从指挥	
	创新意识(20分)	看问题是否能独立思考,提出独到见解,是否能够利用创新思维解决遇到的问题	
成员1(100分)	核心价值观(20分)	是否有违背社会主义核心价值观的思想及行动	
	工作态度(20分)	是否按时完成负责的工作内容、遵守纪律,是否积极主动参与小组工作,是否全过程参与,是否吃苦耐劳,是否具有工匠精神	
	交流沟通(20分)	是否能良好地表达自己的观点,是否能倾听他人的观点	
	团队合作(20分)	是否与小组成员合作完成任务,做到相互协作、互相帮助、听从指挥	
	创新意识(20分)	看问题是否能独立思考,提出独到见解,是否能够利用创新思维解决遇到的问题	
成员2(100分)	核心价值观(20分)	是否有违背社会主义核心价值观的思想及行动	
	工作态度(20分)	是否按时完成负责的工作内容、遵守纪律,是否积极主动参与小组工作,是否全过程参与,是否吃苦耐劳,是否具有工匠精神	
	交流沟通(20分)	是否能良好地表达自己的观点,是否能倾听他人的观点	
	团队合作(20分)	是否与小组成员合作完成任务,做到相互协作、互相帮助、听从指挥	
	创新意识(20分)	看问题是否能独立思考,提出独到见解,是否能够利用创新思维解决遇到的问题	
成员3(100分)	核心价值观(20分)	是否有违背社会主义核心价值观的思想及行动	
	工作态度(20分)	是否按时完成负责的工作内容、遵守纪律,是否积极主动参与小组工作,是否全过程参与,是否吃苦耐劳,是否具有工匠精神	

表(续 2)

对象	评分项目	评分标准	评分
成员 3 (100 分)	交流沟通(20 分)	是否能良好地表达自己的观点,是否能倾听他人的观点	
	团队合作(20 分)	是否与小组成员合作完成任务,做到相互协作、互相帮助、听从指挥	
	创新意识(20 分)	看问题是否能独立思考,提出独到见解,是否能够利用创新思维解决遇到的问题	
成员 4 (100 分)	核心价值观(20 分)	是否有违背社会主义核心价值观的思想及行动	
	工作态度(20 分)	是否按时完成负责的工作内容、遵守纪律,是否积极主动参与小组工作,是否全过程参与,是否吃苦耐劳,是否具有工匠精神	
	交流沟通(20 分)	是否能良好地表达自己的观点,是否能倾听他人的观点	
	团队合作(20 分)	是否与小组成员合作完成任务,做到相互协作、互相帮助、听从指挥	
	创新意识(20 分)	看问题是否能独立思考,提出独到见解,是否能够利用创新思维解决遇到的问题	
成员 5 (100 分)	核心价值观(20 分)	是否有违背社会主义核心价值观的思想及行动	
	工作态度(20 分)	是否按时完成负责的工作内容、遵守纪律,是否积极主动参与小组工作,是否全过程参与,是否吃苦耐劳,是否具有工匠精神	
	交流沟通(20 分)	是否能良好地表达自己的观点,是否能倾听他人的观点	
	团队合作(20 分)	是否与小组成员合作完成任务,做到相互协作、互相帮助、听从指挥	
	创新意识(20 分)	看问题是否能独立思考,提出独到见解,是否能够利用创新思维解决遇到的问题	
最终小组成员得分			

课后反思

<table>
<tr><td colspan="2">学习领域</td><td colspan="4">焊条电弧焊</td></tr>
<tr><td colspan="2">学习情境 2</td><td colspan="2">焊条电弧焊平敷焊</td><td>任务 1</td><td>焊接平敷板的制备</td></tr>
<tr><td>班级</td><td></td><td>第　　组</td><td colspan="2">成员姓名</td><td></td></tr>
<tr><td colspan="2">情感反思</td><td colspan="4">通过对本任务的学习和实训,你认为自己在社会主义核心价值观、职业素养、学习和工作态度等方面有哪些需要提高的部分?</td></tr>
<tr><td colspan="2">知识反思</td><td colspan="4">通过对本任务的学习,你掌握了哪些知识点?请画出思维导图。</td></tr>
<tr><td colspan="2">技能反思</td><td colspan="4">在完成本任务的学习和实训过程中,你主要掌握了哪些技能?</td></tr>
<tr><td colspan="2">方法反思</td><td colspan="4">在完成本任务的学习和实训过程中,你主要掌握了哪些分析和解决问题的方法?</td></tr>
</table>

任务2 平敷板焊接

【任务工单】

<table>
<tr><td>学习领域</td><td colspan="6">焊条电弧焊</td></tr>
<tr><td>学习情境2</td><td colspan="2">焊条电弧焊平敷焊</td><td colspan="2">任务2</td><td colspan="2">平敷板焊接</td></tr>
<tr><td colspan="3">任务学时</td><td colspan="4">10</td></tr>
<tr><td colspan="7">布置任务</td></tr>
<tr><td>工作目标</td><td colspan="6">1. 掌握平敷焊基础知识;
2. 能自主调节焊接参数信息;
3. 能正确佩戴焊接防护用品;
4. 能够焊接平敷直线运动,手法逐步稳定;
5. 能根据焊接安全、清洁和环境要求,严格按照焊接工艺完成作业,节约耗材</td></tr>
<tr><td>任务描述</td><td colspan="6">学生根据企业生产的相应要求,合理使用焊接参数,完成平敷焊焊接作业</td></tr>
<tr><td>学时安排</td><td>资讯
4学时</td><td>计划
1学时</td><td>决策
1学时</td><td>实施
3学时</td><td>检查
0.5学时</td><td>评价
0.5学时</td></tr>
<tr><td>提供资料</td><td colspan="6">1.《国际焊接工程师培训教程》(2013版)　哈尔滨焊接技术培训中心;
2.《国际焊接技师培训教程》(2013版)　哈尔滨焊接技术培训中心;
3.《焊条电弧焊》　人力资源和社会保障部教材办公室主编,中国劳动社会保障出版社,2009年5月;
4.《焊条电弧焊》　侯勇主编,机械工业出版社,2018年5月;
5. 利用网络资源进行咨询</td></tr>
<tr><td>对学生的要求</td><td colspan="6">1. 掌握一定的焊接专业基础知识(焊接方法、工艺、生产流程),经历了专业实习,对焊接企业的产品及行业领域有一定的了解;
2. 具有独立思考、善于发现问题的良好习惯,能对任务书进行分析,能正确理解和描述目标要求;
3. 具有查询资料和市场调研能力,具备严谨求实和开拓创新的学习态度</td></tr>
</table>

资讯单

<table>
<tr><td>学习领域</td><td colspan="4">焊条电弧焊</td></tr>
<tr><td>学习情境 2</td><td colspan="2">焊条电弧焊平敷焊</td><td>任务 2</td><td>平敷板焊接</td></tr>
<tr><td colspan="3">资讯学时</td><td colspan="2">4</td></tr>
<tr><td>资讯方式</td><td colspan="4">在图书馆查询相关杂志、图书,利用互联网查询相关资料,咨询任课教师</td></tr>
<tr><td rowspan="18">资讯内容</td><td rowspan="12">知识点</td><td rowspan="6">焊条电弧焊操作的影响因素</td><td colspan="2">问题:你在平敷焊时选用的焊接参数是怎样的?</td></tr>
<tr><td colspan="2">问题:你用过哪些品牌的焊条电弧焊焊机进行平敷焊操作?使用的焊接参数相同吗?分别是多少?</td></tr>
<tr><td colspan="2">问题:你在焊接时是否遇到了磁偏吹问题?你是怎样解决这个问题的?</td></tr>
<tr><td colspan="2">问题:在焊接接头部位,你采用什么办法来保证接头质量?</td></tr>
<tr><td colspan="2">问题:你焊接的焊道是否均匀,是否产生均匀的鱼鳞纹?</td></tr>
<tr><td colspan="2">问题:你焊接的一条焊道的宽窄是否均匀?</td></tr>
<tr><td rowspan="6">焊条电弧焊常用的工具及辅助用品</td><td colspan="2">问题:什么是焊接面罩,它有什么作用?</td></tr>
<tr><td colspan="2">问题:什么是敲渣锤,它有什么作用?</td></tr>
<tr><td colspan="2">问题:什么是焊枪,它有什么作用?你用了哪种焊枪?</td></tr>
<tr><td colspan="2">问题:若焊接时飞溅烫坏了面罩,在面罩的玻璃片上留下了很多飞溅痕迹,导致面罩观察口观察不清,这时你会怎么办?</td></tr>
<tr><td colspan="2">问题:焊接作业时,电焊手套经常被烫坏,你觉得应如何延长焊接手套的使用寿命?</td></tr>
<tr><td colspan="2">问题:焊条电弧焊常用的工具及辅助用品有哪些?</td></tr>
<tr><td rowspan="2">技能点</td><td colspan="3">使用焊条电弧焊焊机焊接平敷焊板,根据不同尺寸的焊条调节平敷焊的焊接参数</td></tr>
<tr><td colspan="3">以焊接生产车间为例,练习操作平敷焊的手法,提高稳定性</td></tr>
<tr><td rowspan="3">思政点</td><td colspan="3">培养学生的爱国情怀和民族自豪感,做到爱国敬业、诚信友善</td></tr>
<tr><td colspan="3">培养学生树立质量意识、安全意识,认识到我们每一个人都是工程建设质量的守护者</td></tr>
<tr><td colspan="3">培养学生具有社会责任感和社会参与意识</td></tr>
<tr><td>学生需要单独资询的问题</td><td colspan="3"></td></tr>
</table>

【课前自学】

知识点 1:焊条电弧焊操作的影响因素

焊条电弧焊是用手工操作焊条进行焊接的电弧焊方法,如图 2-12(a)所示。

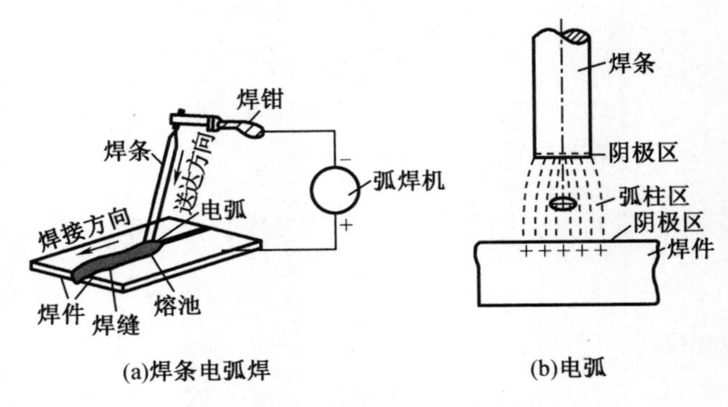

图 2-12 焊条电弧焊和电弧

进行焊条电弧焊时,焊条和焊件分别作为两个电极,电弧在焊条和焊件之间产生。在电弧热量作用下,焊条和焊件的局部金属同时熔化形成金属熔池,随着电弧沿焊接方向前移,熔池后部金属迅速冷却,凝固形成焊缝。

焊条电弧焊所需的设备简单,操作方便、灵活,适用性强。它适用于厚度为 2 mm 以上的各种金属材料和各种形状结构的焊接,特别适用于结构形状复杂、焊缝短小弯曲或各种空间位置焊缝的焊接。焊条电弧焊的主要缺点是生产率较低、焊接质量不稳定及对操作者的技术水平要求较高。目前,它是工业生产中应用较广泛的一种焊接方法。

一、焊接电弧

焊接电弧是由焊接电源供给的,具有一定电压的两电极间或电极与焊件间,在气体介质中产生的强烈而持久的放电现象。

1. 焊接电弧的形成

在两个电极之间的气体介质中,强烈而持久的气体放电现象叫作电弧。也可以说电弧是一种局部气体的导电现象。

在一般情况下,气体是不导电的,要使两电极间气体连续放电,就必须使两极间的气体介质中,能连续不断地产生足够多的带电粒子(电子,正、负离子),同时在两电极间加上足够高的电压,使带电粒子在电场作用下向两极做定向运动。这样,两极间的气体中能连续不断地通过很大的电流,也就形成了连续燃烧的电弧。

电极间的带电粒子,可以通过阴极发射电子和极间气体本身的激烈电离两个过程来得到。当阴极表面吸收了足够的外界能量(如加热阴极和强电场的吸引)后,就能向外发射电子。发射电子所需要的最低能量称为逸出功,不同材料的逸出功是不相同的。逸出功的单位是电子伏(eV),1 eV 就是一个电子通过 1 V 电位差空间所取得的能量,其数值等于 1.6×10^{-19} J。因为电子电量 e 是常数,所以逸出功通常以逸出电压来表示,单位为伏(V)。表

2-1 列出了几种常见元素的逸出电压。

表 2-1 几种常见元素的逸出电压

元素	W	Al	Fe	Ni	Ca	K	Cu	Cs
逸出电压/V	4.3~5.3	3.8~4.3	3.5~4	2.9~3.5	2.24~3.2	1.76~2.5	1.1~1.7	1~1.6

同样,气体分子或原子吸收了足够的外来能量后,也能离解成电子和离子。使气体电离所需的最低外加能量叫电离势,不同气体的电离势也是不一样的。电离势的单位也是eV,通常以电离电压(V)来表示。表 2-2 为几种常见气体的电离电压。

表 2-2 几种常见气体的电离电压

元素	He	F	Ar	N_2	N	O_2	O	H_2	H
电离电压/V	24.59	17.48	15.76	15.5	14.5	12.07	13.62	15.43	13.6
元素	C	Fe	Cu	Ti	Ca	Al	Na	K	Cs
电离电压/V	11.26	7.87	7.72	6.82	6.11	5.99	5.14	4.34	3.89

由上述可知,若要使两极间产生电弧并能稳定燃烧,就必须给阴极和气体一定能量,使阴极产生强烈的电子发射、使气体发生剧烈的电离,这样两极间就充满了带电粒子。当两极间加上一定电压时,气体介质中就能通过很大的电流,也就产生了强烈的电弧放电。

电弧放电时,能产生大量而集中的热量,同时发出强烈的弧光。电弧焊就是利用此热量来熔化焊条和被焊金属进行焊接的。

产生电弧所需的外加能量是由焊条电弧焊焊机供给的。焊接引弧时,焊条和焊件瞬时接触造成短路,由于焊条端部和焊件表面不平整,在少数接触点处通过电流密度很大,产生了大量的电阻热,使焊条和工件的接触处温度急剧升高而熔化,甚至部分蒸发。当提起焊条离开工件(2~4 mm)时,焊条电弧焊焊机的空载电压立即加在焊条端部与工件之间。这时,阴极表面急剧的加热和强电场的吸引,产生了强烈的电子发射。这些电子在电场作用下,以很快的速度飞向阳极。此时,焊条与工件之间已充满了高热的、易电离的金属蒸气和焊条药皮产生的气体,当受到具有较大动能的电子撞击和气体分子或原子间相互碰撞时,两极间气体迅速电离。在电弧电压作用下,电子和负离子移向阳极,正离子移向阴极。同时,在电极间还不断发生带电粒子的复合,放出大量热能。这种过程不断反复进行,就形成了具有强烈热和光的焊接电弧。

2. 焊接电弧的组成和热量分布

用直流弧焊机焊接时,焊接电弧由阴极区、弧柱区和阳极区组成,如图 2-13 所示。两电极之间产生电弧放电时,在电弧长度方向电场强度分布是不均匀的,沿电弧长度方向的电压分布如图 2-13 所示。电弧电压 U_a 是阳极电压 U_A、阴极电压 U_K 和弧柱电压 U_C 的总和,即

$$U_a = U_A + U_K + U_C$$

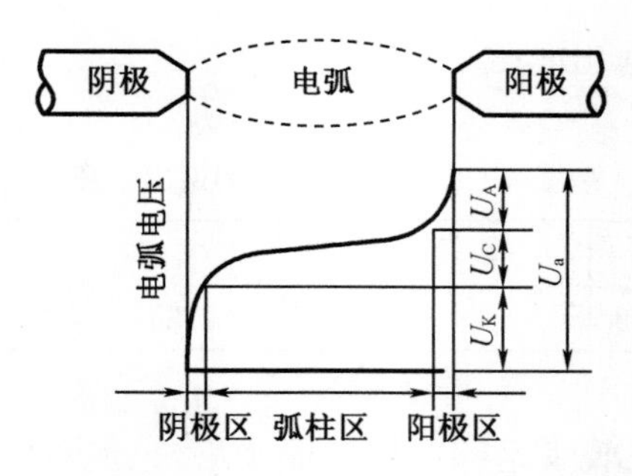

U_A—阳极电压；U_K—阴极电压；U_C—弧柱电压；U_a—电弧电压。

图 2-13 焊接电弧结构

由此可见，焊接电弧燃烧过程的实质就是把电能转换成热能的过程。

阳极区和阴极区在电弧中长度很小，分别约为 10^{-4} cm 和 10^{-6} cm，因此可以认为两电极间距即弧柱区的长度，阳极区电压和阴极区电压与弧长无关。而弧柱电压可写成

$$U_C = El$$

则

$$U_a = U_A + U_K + El$$

式中 E——弧柱区电场强度，V/cm；

l——弧柱区长度，cm。

由上式可见，电弧电压与弧长成正比，即弧长增加，电弧电压增大。

阴极区热量主要在正离子碰撞阴极时，由正离子的动能和它与电子复合时释放的位能（电离势）转化而来。阳极区的热量主要在电子撞入阳极时，由电子动能和位能（逸出功）转化而来。由于阳极区不发射电子，不消耗发射电子所需的能量，因此在酸性焊条焊接时，阳极的发热量和温度均较阴极高。阳极区产生的热量约占总电弧热量的 43%，阴极区产生的热量约占总电弧热量的 36%。而两极的温度因受电极材料沸点的限制，大致在电极材料沸点左右。表 2-3 为不同电极材料的电弧两极的温度。

表 2-3 不同电极材料的电弧两极的温度

电极材料	弧柱气体介质（101.3 kPa）	阴极温度/K	阳极温度/K	电极材料沸点/K
C	空气	3 500	4 200	4 640
Fe	空气	2 400	2 600	3 008
Cu	空气	2 200	2 450	2 863
W	空气	3 000	4 250	5 950

然而，当焊条药皮中含有氟化钙较多时（如低氢型焊条），由于氟对电子亲和力很大，当氟在阴极区夺取电子形成负离子时会放出大量的热，在这种情况下，阴极区的热量和温度将比阳极区高。表 2-4 列出了几种原子的电子亲和能。

表 2-4　几种原子的电子亲和能

元素	F	O	Cl	H	Li	Na	N
电子亲和能/eV	3.94	3.8	3.7	0.76	0.34	0.08	0.04

弧柱区的热量主要由正离子与电子或负离子复合时释放出相当于电离势的能量转化而来,所以弧柱区的热量和温度取决于气体介质的电离能力和电流大小。气体介质越容易电离,气体电离时吸收的能量越少,在复合时,放出的能量也就越少,则弧柱中的热量和温度就越低。反之,气体介质越难电离,弧柱中的热量和温度就越高。焊接电流越大,电弧产生的热量就越大。几种气体介质中的弧柱温度如表 2-5 所示。

表 2-5　几种气体介质中的弧柱温度

电极材料	气体介质	电流/A	弧柱温度/K
钢	空气	280	6 100
	Na_2CO_3(气)	280	4 800
	K_2CO_3(气)	280	4 300

进行焊条电弧焊时,弧柱区放出的热量仅占电弧总热量的 21%。但弧柱中心,因散热差,故温度比两极高,为 5 000~8 000 K。

以上所述的是直流电弧的热量和温度分布情况。至于交流电弧,由于电源极性每秒钟变换 100 次,所以两极的温度趋于一致,为它们的平均值。

由上面讨论可知,电弧作为热源,其特点是温度很高,热量相当集中,因此金属熔化非常快。使金属熔化的热量主要产生于两极;弧柱温度虽高,但大部分热量散失于周围空气中。焊条电弧焊既可用直流电焊接,也可用交流电焊接。当采用直流电焊接时,直流弧焊机正、负两极与焊条、工件有两种不同的接法:将工件接到弧焊机正极,焊条接至负极,这种接法叫正接,又称正极性(图 2-14(a));反之,将工件接至负极,焊条接至正极,称反接,又称反极性(图 2-14(b))。可根据焊条性质和焊件所需的热量的多少,选用不同的接法。

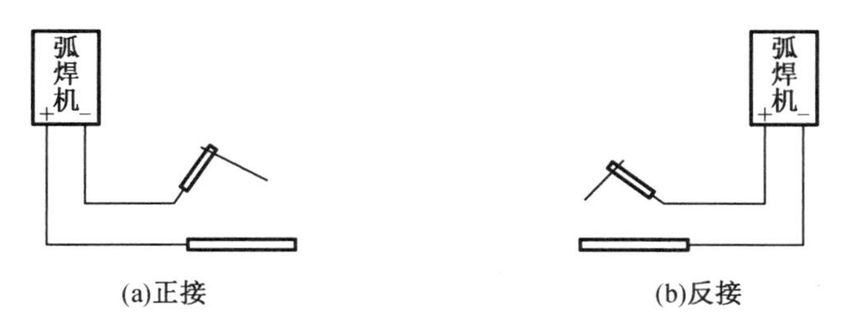

图 2-14　弧焊机的不同接线法

当使用碱性焊条时,必须采用直流反接才能使电弧稳定,此时工件接负极,产生热量较高,熔深较大,并且较少产生氢气孔。而一般酸性焊条,交、直流均能使电弧稳定,假如使用直流电焊接,则通常采用正接,因为此时电弧正极的热量较负极高,工件能获得较大熔深;而在焊接薄板时,为了防止烧穿,可采用反接。

二、焊条电弧焊中影响电弧稳定性的因素

实际生产中，焊接电弧可能由于各种原因而发生燃烧不稳定的现象，如电弧经常间断、不能连续燃烧、电弧偏离焊条轴线方向或电弧摇摆不定等。而焊接电弧能否稳定，直接影响到焊接质量的优劣和焊接过程能否正常进行。

影响电弧稳定性的因素，除操作技术不熟练之外，大致可归纳为以下几个方面。

1. 焊接电源的影响

焊接电源的特性和种类等都会影响电弧的稳定性。焊接电弧需要一个特殊电源向它供电，才能使电弧稳定燃烧，否则根本不能产生稳定的电弧。供给电弧燃烧的电源可以是直流电源，也可以是交流电源。焊条电弧焊的电源要求具有下降的电源外特性。焊条电弧焊电源分为弧焊变压器、弧焊发电机和弧焊整流器三大类。

弧焊变压器是一种具有一定特性的降压变压器，因输出的是交流电，因此又称交流弧焊机。它具有结构简单、价格便宜、使用方便、噪声较小以及维护容易等优点，但电弧稳定性较差，是一种常用的手弧焊电源。弧焊发电机适合野外作业，可以提供交流电，也可以提供直流电。弧焊整流器根据其电子元器件及工作原理的不同加以分类。用硅整流元件进行整流的弧焊整流器称为硅弧焊整流器；用晶闸管作为整流元件的弧焊整流器称为晶闸管弧焊整流器，它具有节能、节材、结构简单、调节方便等优点，是目前我国推广使用的产品；用晶体管控制的弧焊整流器称为晶体管弧焊整流器，它的优点是控制灵活、精确度高、可调参数多，但质量较大、成本高、维修较难；逆变式弧焊整流器体积小、质量小、高效节能、有良好的动态品质。

直流电比交流电稳弧性好。交流电弧稳定性差的原因是交流电的电流和电压每秒钟有 100 次经过零点，同时改变方向，易造成电弧瞬时熄灭，热量减少，使气体电离减弱，引起电弧不稳。直流电不存在上述现象，所以它比交流电稳弧性好。故稳弧性差的碱性焊条，必须采用直流电才能进行焊接。

此外，供电网路的电压太低，会造成焊接电源空载电压过低，从而减弱阴极发射电子和气体介质的电离，使电弧稳定性下降，甚至造成引弧困难。

同样，焊接电流过小时，也会使电弧不稳。

2. 焊条药皮的影响

焊条药皮中含有易电离的元素（如钾、钠、钙）和它们的化合物越多，电弧稳定性越好。如含有难于电离的物质（如氟）的化合物越多，电弧稳定性就越差。

此外，焊条药皮偏心、熔点过高、黏度过大，以及焊条保存不当，致使药皮局部脱落等都会造成电弧不稳。

3. 焊接区清洁度和气流的影响

焊接区如果油漆、油脂、水分及污物过多，会影响电弧的稳定性。在风较大的情况下露天作业，或在气流速度大的管道中焊接，气流能把电弧吹偏并拉长，也会降低电弧的稳定性。

4. 磁偏吹的影响

电弧在其自身磁场的作用下具有一定的挺直性，使电弧尽量保持在焊条的轴线方向，即使焊条与焊件有一定的倾角，电弧也将保持指向焊条轴线方向，而不是垂直于焊件的表

面。在焊接时,由于多种因素的影响,电弧周围磁力线均匀分布的情况被破坏,会产生电弧不能保持在焊条轴线方向而偏向一边的现象,这种现象被称为电弧偏吹。一旦发生电弧偏吹,电弧轴线便难以对准焊缝中心,导致焊缝成型不规则进而影响焊接质量。

引起电弧偏吹的原因,除焊条偏心、电弧周围气流影响之外,在采用直流电焊接时,还有焊接电流磁场所引起的磁偏吹。磁偏吹使焊工难以掌握电弧对接缝处的集中加热,使焊缝焊偏,严重时会使电弧熄灭。

引起磁偏吹的根本原因是电弧周围磁场分布不均匀。造成磁场不均匀的原因分析如下。

由图 2-15 可以看出,焊接电缆接在焊件的一侧,焊接电流只从焊件的一边通过。这样,焊接电流所产生的磁场与流过电弧和焊条的电流所产生的磁场相叠加,使电弧两侧磁场分布不均匀。靠近接线一侧,磁力线密集,磁场增强。根据磁场对导体的作用,磁力线密集的一侧对电弧的作用大于磁力线稀疏的一侧,电弧必然偏向磁力线稀疏的一边。而且电流越大,磁偏吹就越严重。

另外,在靠近直流电弧的地方,有较大的铁磁物质存在时,磁偏吹也会引起电弧两侧磁场分布不均匀,如图 2-16 所示。在有铁磁物质一侧,因为铁磁物质磁导率大,磁力线大多从铁磁物质中经过,因而使该侧空间的磁力线变得稀疏,电弧必然偏向铁磁物质一侧。在焊角焊缝及 V 型坡口对接焊缝时,焊条作横向摆动运条过程中,焊条摆向哪一侧,电弧就向哪一侧偏吹,就是由上述原因导致的。

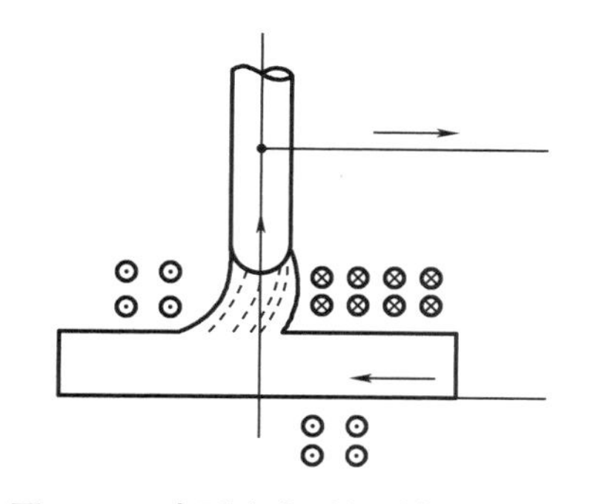

图 2-15　电弧本身磁场引起的磁偏吹

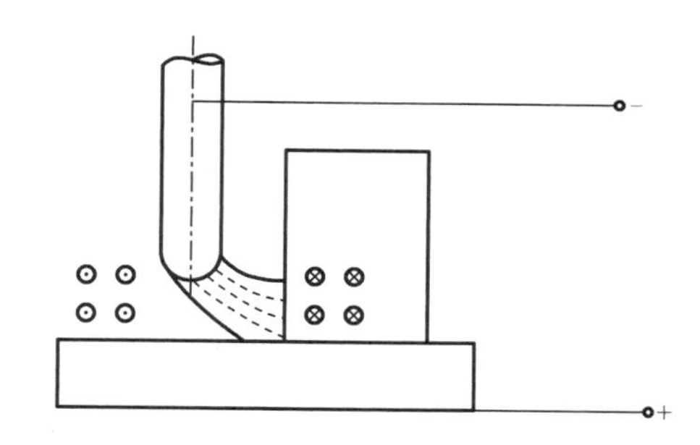

图 2-16　铁磁物质引起的磁偏吹

在焊接过程中,可采取短弧、调整焊条倾角(将焊条朝着偏吹方向倾斜,如图 2-17 所示),或选择恰当的接线部位等措施来克服磁偏吹的影响。

当采用交流电焊接时,由于变化的磁场在导体内产生感应电流,而感应电流所产生的磁场削弱了焊接电流所引起的磁场,所以交流电弧的磁偏吹现象要比直流电弧弱得多,不致影响焊接操作。

焊条电弧焊是在面罩下观察和进行操作的。由于视野不清,工作条件较差,因此要保证焊接质量,不仅要求操作者有较为熟练的操作技术,还应注意力高度集中。初学者练习时应注意:电流要合适,焊条要对正,电弧要短,焊速不要过快,力求均匀。

焊接前,应把工件接头两侧 20 mm 范围内的表面清理干净(消除铁锈、油污、水分),并使焊条芯的端部金属外露,以便进行短路引弧。引弧方法有敲击法和摩擦法两种,其中摩擦法比较容易掌握,适于初学者引弧操作。

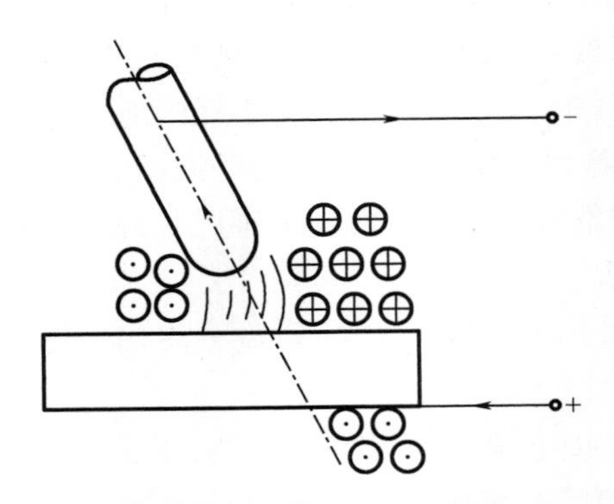

图 2-17　焊条倾斜校正磁偏吹

知识点 2:焊条电弧焊常用的工具及辅助用品

一、焊钳

焊钳是用以夹持焊条,焊接时传导焊接电流的器械,如图 2-18 所示。焊钳一般与焊条电弧焊焊机配套使用,手工电弧焊时,用来夹持和操纵焊条,并保证与焊条电气连接,是一种手持绝缘器具。电焊钳有外壳防护、防电击保护、温升值、耐焊接飞溅、耐跌落等主要技术指标。焊钳的结构安全、轻便、耐用。常用的市售焊钳有 300 A 和 500 A 两种,如表 2-6 所示。

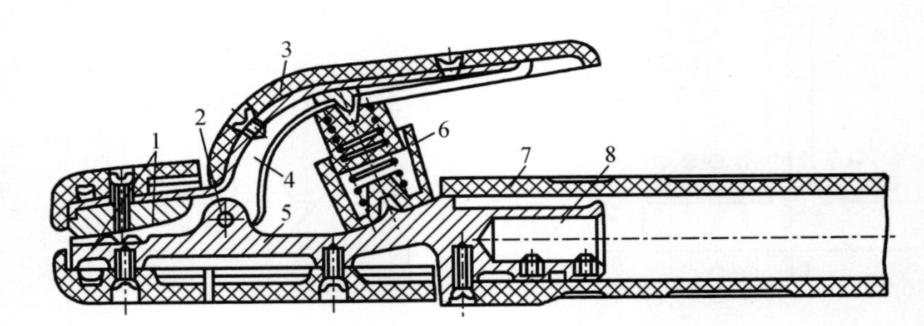

1—钳口;2—固定销;3—弯臂罩壳;4—弯臂;5—直柄;6—弹簧;7—胶木手柄;8—焊接电缆固定处。

图 2-18　焊钳结构图

表 2-6　焊钳的技术特性参数

主要技术特性参数		型号	
		300 A	500 A
额定承载电流/A		300	500
不同负载持续率下的电流/A	60%	300	500
	35%	400	560

二、地线夹钳

地线夹钳装在地线的终端,其作用是保证地线与焊件可靠接触,适用于经常更换焊件的固定位置的焊接(图 2-19)。地线夹钳可根据需要自行制造,地线卡头与工件的接触部分应尽量采用铜质材料。

图 2-19 地线夹钳

三、焊接电缆

焊接电缆是从焊接电源向焊钳和焊件传递焊接电流的关键部件。焊接电缆除了要有足够的导电截面、外包橡胶套管绝缘外,还应有较好的柔软性,易于弯曲,便于焊接操作。焊接电缆通常由多股细铜线绞制而成,其规格如表 2-7 所示。

表 2-7 焊接电缆规格

型号	截面规格/mm							
YHH	16	25	35	50	70	95	120	150
YHHR	6	10	16	25	35	50	70	95

四、面罩和护目镜

面罩是防止焊接飞溅、弧光及高温对焊工面部及颈部灼伤的一种工具,要求选用耐燃或不燃的绝缘材料制成,罩体应遮住焊工的整个面部,结构牢固、不漏光(图 2-20)。

面罩正面安装有护目滤光片(即护目镜),起减弱弧光强度、过滤红外线和紫外线以保护焊工眼睛的作用。护目镜按亮度的深浅不同分为 6 个型号(7~12 号),号数越大,色泽越深。在护目镜片外侧,应加一块尺寸相同的一般玻璃,以防止护目镜被金属飞溅污损。使用面罩和护目镜也给焊工操作带来了不便,为此发展了一种光电式护目镜片,可解决这一问题。

五、敲渣锤

采用焊条焊接时,焊缝表面会形成一定厚度的焊渣,焊后必须加以清除,特别是在多层多道焊缝焊接时,必须逐层清渣,否则容易形成夹渣。一般情况下,通常使用手动敲渣锤清渣。如果焊缝较长,则可以使用气动敲渣锤清渣,可加快清渣速度,提高清渣效率。敲渣锤如图 2-21 所示。

六、钢丝刷

钢丝刷可以清除焊缝边缘尖角处或焊缝与母材侧壁交界处的铁锈、焊渣和污物,同时还可以起到抛光的作用,如图 2-22 所示。

图 2-20　焊工面罩

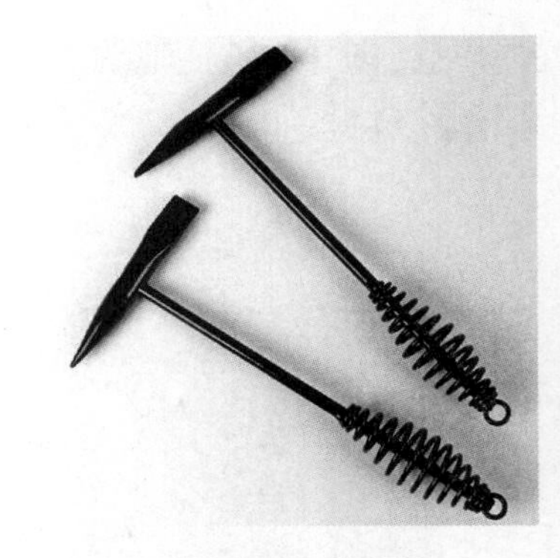

图 2-21　敲渣锤

(a) 手动钢丝刷

(b) 电动钢丝刷刷头(与电动工具配合使用)

图 2-22　钢丝刷

七、焊条保温筒

焊条保温筒是盛装已烘干的焊条,且能保持一定温度以防止焊条受潮的一种桶形容器,有立式和卧式两种,内装焊条 2.5~5 kg,如图 2-23 所示。通常利用弧焊电源一次电压对筒内进行加热,温度一般在 100~450 ℃。使用低氢型焊条焊接重要结构时,焊条必须先进烘箱焙烘,烘干温度和保温时间因材料和季节而异。焊条从烘箱内取出后,应储存在焊条保温桶内,焊工可随身携带到现场,随用随取。

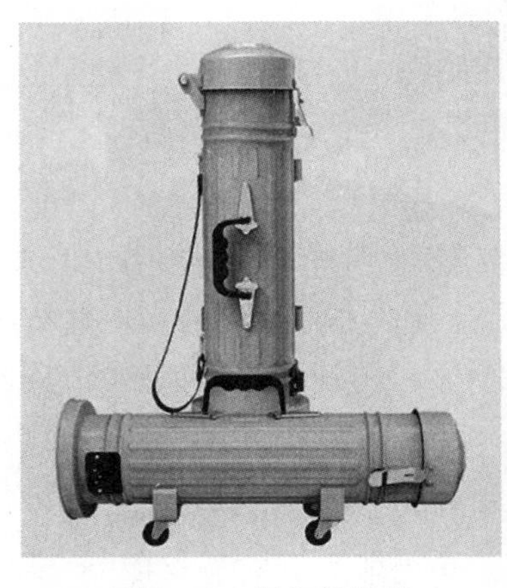

图 2-23　焊条保温筒

知识点3:焊条电弧焊步骤和方法

一、焊接要求

焊条电弧焊一体化实训室,配有备料切割设备,每实训工位大于等于 2 m^2。

1. 设备、工具

焊条电弧焊设备及工具如表2-8所示。

表2-8 焊条电弧焊设备及工具

类别	序号	名称	型号(精度)	数量	备注
设备	1	气割机		1台及以上	
	2	焊条烘干箱		1台及以上	
	3	焊条电弧焊焊机		1台/工位	
工具	1	焊接夹具		1套/工位	
	2	角向砂轮机	ϕ100 mm	1台/工位	
	3	清渣锤		1把/工位	
	4	钢丝刷		1把/工位	
	5	焊条保温筒		1个/工位	
	6	焊接面罩	手持式或头盔式	1个/工位	
	7	焊工手套		1双/工位	
量具	1	焊缝检测尺	KH-45A/B	1把	
	2	游标卡尺	0~150	1把	

2. 教师准备

布置实训任务;按照预先分好的每5人一组准备实训材料和工具,制订实训程序和步骤,指导学生进行实训活动。

3. 学生要求

做好知识的预习与储备,掌握基本焊接方法;提前分析焊接的工作程序,严格遵照实训指导书的操作要求和注意事项,按照组内分工积极参与实训活动。

4. 安全与文明要求

学生听从指导教师的安排及指挥;保护好焊接设备及工具;遵守焊接实训须知中的安全与文明生产要求;着重注意自身安全防护,发现设备故障、电力故障等问题第一时间上报指导教师。

二、焊接手法

1. 运条方法

(1)直线形运条法

采用这种运条方法焊接时,焊条不做横向摆动,而是沿焊接方向做直线移动。该方法常用于I型坡口的对接平焊,多层焊的第一层焊或多层多道焊。

(2)直线往复运条法

采用这种运条方法焊接时,焊条末端沿焊缝的纵向来回摆动。它的特点是焊接速度快、焊缝窄、散热快,适用于薄板和接头间隙较大的多层焊的第一层焊。

(3)锯齿形运条法

采用这种运条方法焊接时,焊条末端做锯齿形连续摆动及向前移动,并在两边稍停片刻,摆动的目的是控制熔化金属的流动和得到必要的焊缝宽度,以获得较好的焊缝成型。这种运条方法在生产中应用较广,多用于厚钢板的焊接,平焊、仰焊、角焊缝的对接接头和角焊缝的角接接头。

(4)月牙形运条法

采用这种运条方法焊接时,焊条的末端沿着焊接方向做月牙形的左右摆动。摆动的速度要根据焊缝的位置、接头形式、焊缝宽度和焊接电流值来决定。同时需在接头两边做片刻的停留,这是为了使焊缝边缘有足够的熔深,防止咬边。这种运条方法的优点是金属熔化良好,有较长的保温时间,气体容易析出,熔渣也易于浮到焊缝表面上来,焊缝质量较高,但焊出来的焊缝余高偏高。这种运条方法的应用范围和锯齿形运条法基本相同。

(5)三角形运条法

采用这种运条方法焊接时,焊条末端做连续的三角形运动,并不断向前移动,按照摆动形式的不同,可分为斜三角形和正三角形两种。斜三角形运条法适用于焊接平焊和仰焊位置的 T 型接头焊缝及有坡口的横焊缝,其优点是能够借焊条的摆动来控制熔化金属,促使焊缝成型良好。正三角形运条法只适用于开坡口的对接接头和 T 型接头焊缝的角焊缝,特点是能一次焊出较厚的焊缝断面,焊缝不易产生夹渣等缺陷,有利于提高生产效率。

(6)圆圈形运条法

采用这种运条方法焊接时,焊条末端连续做正圆圈或斜圆圈形运动,并不断前移。正圆圈形运条法适用于焊接较厚焊件的平焊缝,其优点是熔池存在时间长,熔池金属温度高,有利于溶解在熔池中的氧、氮等气体的析出,便于熔渣上浮。斜圆圈形运条法适用于平、仰位置 T 型接头焊缝和对接接头的横焊缝,其优点是利于控制熔化金属不受重力影响而产生下淌现象,有利于焊缝成型。

平敷焊作业姿势如图 2-24 所示。基本运条方法如图 2-25 所示。

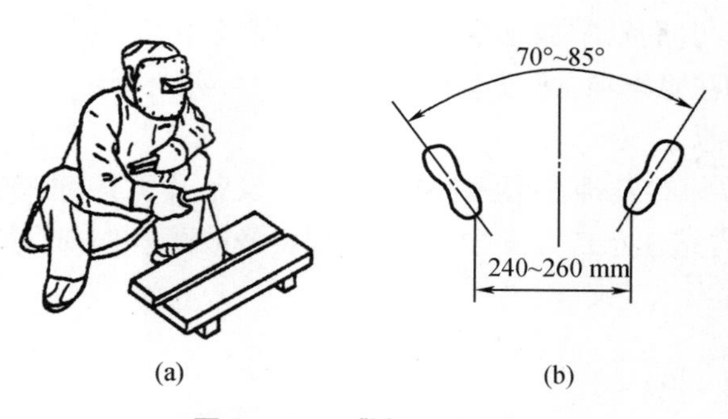

图 2-24　平敷焊作业姿势

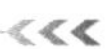

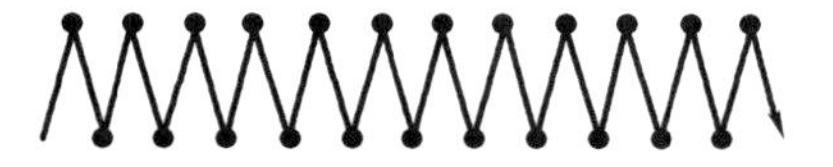

(a)锯齿形运条法
(b)月牙形运条法
(c)斜三角形运条法
(d)正圆圈形运条法
(e)正三角形运条法
(f)斜圆圈形运条法

图 2-25　基本运条方法

2. 焊缝收尾

焊缝收尾时，为了不出现尾坑，焊条应停止向前移动，而采用划圈收尾法或反复断弧法自下而上地慢慢拉断电弧，以保证焊缝尾部成型良好。

(1) 划圈收尾法

焊条移至焊道的终点时，利用手腕的动作做圆圈运动，直到填满弧坑再拉断电弧。该方法适用于厚板焊接，用于薄板焊接会有烧穿的危险。

(2) 反复断弧法

焊条移至焊道终点时，在弧坑处反复熄弧、引弧数次，直到填满弧坑为止。该方法适用于薄板及大电流焊接，但不适用于碱性焊条，否则会产生气孔。

三、平敷焊技术要求

平敷焊是在平焊位置上在工件表面堆敷焊道的一种操作方法，是所有焊接操作方法中最简单、最基础的方法。平敷焊是初学者进行焊接技能训练时必须掌握的一项基本技能，这种焊接位置是焊接各个位置中，最容易掌握的一个位置，易获得良好的焊缝成型和焊接质量。

平敷焊如图 2-26 和图 2-27 所示。

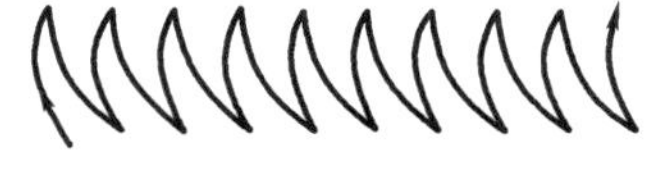

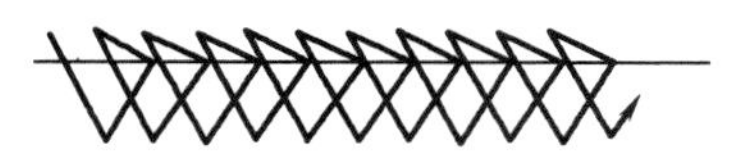

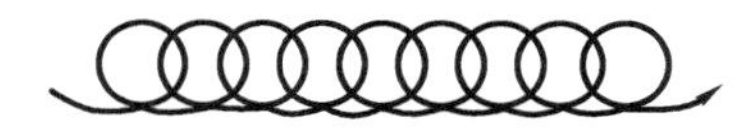

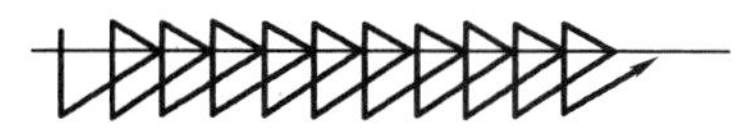

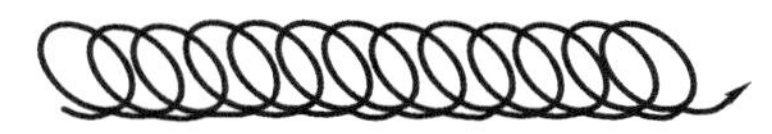

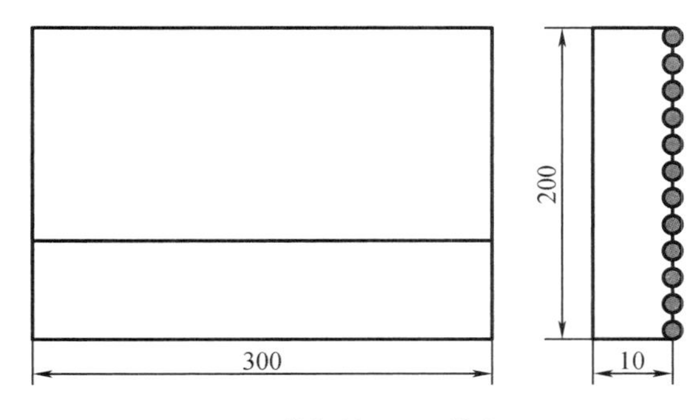

200
300
10

图 2-26　平敷焊施工图(单位:mm)

向熔池送进
沿焊接
方向移动
横向摆动

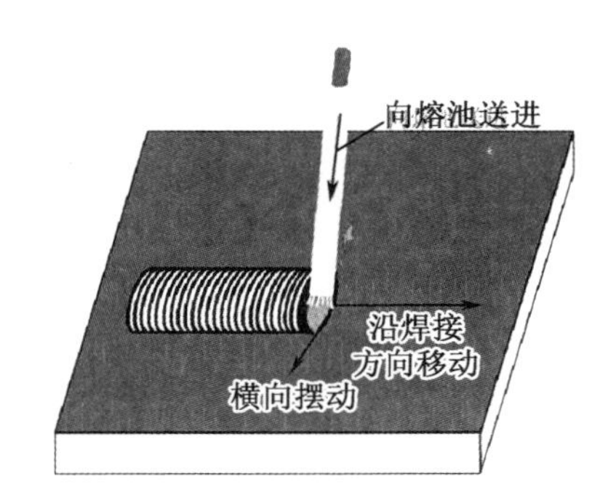

图 2-27　平敷焊示意图

Q235 钢属于低碳钢，强度等级较低，一般用在普通结构上，碳当量小于 0.4%，焊接性良好，无须采取特殊工艺措施。选用 E4303(J422)酸性焊条或 E5015(J507)碱性焊条施焊即可。具体参数如表 2-9 所示。

表 2-9　平敷焊焊接参数表

焊条类型	焊条直径/mm	焊接电流/A	焊接电压/V
酸性焊条 E4303(J422)	3.2	115~125	22~24
	4.0	150~170	22~24
碱性焊条 E5015(J507)	3.2	110~120	22~24
	4.0	140~160	22~24

在引弧、接头和收尾操作技能娴熟后，再次加深训练操作者对电弧的认识和控制能力。平焊时，由于焊缝处于水平位置，熔滴主要靠自重过渡，所以操作比较容易。允许使用直径较大的焊条和较大的焊接电流，所以生产效率较高。若焊接规范选择不当、操作不当，容易在焊趾处形成未熔合和余高超标的缺陷。若运条不当和焊条角度不正确，会出现熔渣和铁水混合在一起分不清的现象，甚至形成夹渣的缺陷。

【任务实施】

一、工作准备

1. 设备与工具

焊条电弧焊焊机主机、电弧焊焊枪、焊条电弧焊焊机说明书、安全护具(电焊帽、口罩、焊接手套、焊接工作服)、辅助工具(护目镜、通针、扳手、点火枪、钢丝刷、钢丝钳等)。

2. 焊接材料

J402 焊条或者 J507 焊条等多种焊条。

3. 试件

规范尺寸的 Q235 钢板。

二、工作程序

(1)正确使用焊接防护用品，熟悉焊接安全施工要求；

(2)使用不同尺寸焊条，分别调节焊接参数，完成平敷焊作业，记录不同型号焊条的参数，以及记录焊缝外观；

(3)使用平、横、立、仰不同焊位，分别调节焊接参数，完成平敷焊作业，记录不同焊位的参数，以及记录焊缝外观；

(4)焊接结束，清点焊接用品，保证物品安全归位，设备断电，排查安全隐患问题。

【做一做】

一、判断题

1. 堆焊是为增大或恢复焊件尺寸，或使焊件表面获得具有特殊性能的熔敷金属而进行的焊接。　(　　)

2. 各种焊缝表面要求不得有裂纹、未熔合、夹渣、气孔、焊瘤和未焊透。　　(　)

二、单选题

1. 一般焊条电弧焊的________中温度最高的是弧柱区。

A. 焊接电阻　　B. 焊接电弧　　C. 焊接电流　　D. 焊接电压

2. 能产生对人体危害最严重的有毒气体的焊条药皮类型是________。

A. 纤维素型　　B. 氧化钛钙型　　C. 低氢型

【平敷板焊接工作单】

计划单

<table>
<tr><td>学习领域</td><td colspan="5">焊条电弧焊</td></tr>
<tr><td>学习情境 2</td><td>焊条电弧焊平敷焊</td><td colspan="2">任务 2</td><td colspan="2">平敷板焊接</td></tr>
<tr><td>工作方式</td><td>组内讨论、团结协作，共同制订计划，小组成员进行工作讨论，确定工作步骤</td><td colspan="2">学时</td><td colspan="2">1</td></tr>
<tr><td colspan="2">完成人</td><td colspan="4">1.　　2.　　3.　　4.　　5.　　6.</td></tr>
<tr><td colspan="6">计划依据：1. 被检工件的图纸；2. 教师分配的工作任务</td></tr>
<tr><td>序号</td><td colspan="3">计划步骤</td><td colspan="2">具体工作内容描述</td></tr>
<tr><td></td><td colspan="3">准备工作
（准备工具、设备、材料，谁去做？）</td><td colspan="2"></td></tr>
<tr><td></td><td colspan="3">组织分工
（成立作业小组，人员具体都完成什么工作？）</td><td colspan="2"></td></tr>
<tr><td></td><td colspan="3">安全防护
（安全防护都包括什么内容？）</td><td colspan="2"></td></tr>
<tr><td></td><td colspan="3">平敷焊作业
（如何焊接？）</td><td colspan="2"></td></tr>
<tr><td></td><td colspan="3">焊后安全隐患排查
（谁去排查？检查什么内容？）</td><td colspan="2"></td></tr>
<tr><td></td><td colspan="3">整理资料
（谁负责？整理什么内容？）</td><td colspan="2"></td></tr>
<tr><td>制订计划说明</td><td colspan="5">写出制订计划中人员为完成任务提出的主要建议或可以借鉴的建议、需要解释的某一方面问题</td></tr>
<tr><td>计划评价</td><td colspan="5">评语：</td></tr>
<tr><td>班级</td><td></td><td>第　　组</td><td colspan="2">组长签字</td><td></td></tr>
<tr><td>教师签字</td><td colspan="2"></td><td colspan="2">日期</td><td></td></tr>
</table>

决策单

学习领域	焊条电弧焊				
学习情境2	焊条电弧焊平敷焊		任务2	平敷板焊接	
决策目的	本次人员分工如何安排？具体工作内容是什么？		学时	0.5	
方案讨论			组号		
方案决策	组别	步骤顺序性	步骤合理性	实施可操作性	选用工具合理性	方案综合评价

方案决策	组别	步骤顺序性	步骤合理性	实施可操作性	选用工具合理性	方案综合评价
	1					
	2					
	3					
	4					
	5					
	1					
	2					
	3					
	4					
	5					
	1					
	2					
	3					
	4					
	5					
方案评价	评语：					

班级		组长签字		教师签字		日期	

工具单

场地准备	教学仪器(工具)准备	资料准备
一体化焊接生产车间	焊条电弧焊焊机若干、安全防护用品若干	焊接设备的使用说明书； 平敷焊焊接工艺卡； 班级学生名单

作业单

学习领域	焊条电弧焊		
学习情境 2	焊条电弧焊平敷焊	任务 2	平敷板焊接
参加焊条电弧焊平敷焊人员	第　　组		学时
			1
作业方式	小组分析，个人解答，现场批阅，集体评判		

序号	工作内容记录 (平敷焊作业工作)	分工 (负责人)

小结	主要描述完成的成果及是否达到目标	存在的问题

班级		组别		组长签字	
学号		姓名		教师签字	
教师评分		日期			

检查单

<table>
<tr><td colspan="2">学习领域</td><td colspan="5">焊条电弧焊</td></tr>
<tr><td colspan="2">学习情境2</td><td colspan="2">焊条电弧焊平敷焊</td><td>学时</td><td colspan="2">20</td></tr>
<tr><td colspan="2">任务2</td><td colspan="2">平敷板焊接</td><td>学时</td><td colspan="2">10</td></tr>
<tr><td>序号</td><td colspan="2">检查项目</td><td colspan="2">检查标准</td><td>学生自查</td><td>教师检查</td></tr>
<tr><td>1</td><td colspan="2">任务书阅读与分析能力,正确理解及描述目标要求</td><td colspan="2">准确理解任务要求</td><td></td><td></td></tr>
<tr><td>2</td><td colspan="2">与同组同学协商,确定人员分工</td><td colspan="2">较强的团队协作能力</td><td></td><td></td></tr>
<tr><td>3</td><td colspan="2">查阅资料能力,确定焊接工艺能力</td><td colspan="2">较强的资料检索能力</td><td></td><td></td></tr>
<tr><td>4</td><td colspan="2">质量影响分析与调整能力</td><td colspan="2">较强的质量分析、报告撰写能力</td><td></td><td></td></tr>
<tr><td>5</td><td colspan="2">焊条电弧焊的作业</td><td colspan="2">焊接操作的能力</td><td></td><td></td></tr>
<tr><td>6</td><td colspan="2">安全生产与环保</td><td colspan="2">符合“5S”要求</td><td></td><td></td></tr>
<tr><td>7</td><td colspan="2">质量的分析诊断能力</td><td colspan="2">质量分析得当</td><td></td><td></td></tr>
<tr><td>检查
评价</td><td colspan="6">评语:</td></tr>
<tr><td>班级</td><td></td><td>组别</td><td></td><td>组长签字</td><td colspan="2"></td></tr>
<tr><td>教师签字</td><td colspan="4"></td><td>日期</td><td></td></tr>
</table>

评价单

学习领域	焊条电弧焊						
学习情境 2	焊条电弧焊平敷焊		任务 2	平敷板焊接			
评价学时			课内 0.5 学时				
班级			第　组				
考核情境	考核内容及要求	分值	学生自评（10%）	小组评分（20%）	教师评分（70%）	实际得分	
计划编制（20 分）	资源利用率	4					
	工作程序的完整性	6					
	步骤内容描述	8					
	计划的规范性	2					
工作过程（40 分）	保持焊接设备及配件的完整性	10					
	焊接安全作业	20					
	质检分析的准确性	10					
团队情感（25 分）	核心价值观	5					
	创新性	5					
	参与率	5					
	合作性	5					
	劳动态度	5					
安全文明（10 分）	工作过程中的安全保障情况	5					
	工具正确使用和保养、放置规范	5					
工作效率（5 分）	能够在要求的时间内完成，每超时 5 min 扣 1 分	5					
总分		100					

小组成员评价单

学习领域	焊条电弧焊				
学习情境 2	焊条电弧焊平敷焊		任务 2	平敷板焊接	
班级		第　组		成员姓名	
评分说明		每个小组成员评价分为自评和小组其他成员评价两部分，取平均值，作为该小组成员的任务评价个人分数。评价项目共设计 5 个，依据评分标准给予合理量化打分。小组成员自评后，要找小组其他成员以不记名方式打分			

表(续 1)

对象	评分项目	评分标准	评分
自评 (100 分)	核心价值观(20 分)	是否有违背社会主义核心价值观的思想及行动	
	工作态度(20 分)	是否按时完成负责的工作内容、遵守纪律,是否积极主动参与小组工作,是否全过程参与,是否吃苦耐劳,是否具有工匠精神	
	交流沟通(20 分)	是否能良好地表达自己的观点,是否能倾听他人的观点	
	团队合作(20 分)	是否与小组成员合作完成任务,做到相互协作、互相帮助、听从指挥	
	创新意识(20 分)	看问题是否能独立思考,提出独到见解,是否能够利用创新思维解决遇到的问题	
成员 1 (100 分)	核心价值观(20 分)	是否有违背社会主义核心价值观的思想及行动	
	工作态度(20 分)	是否按时完成负责的工作内容、遵守纪律,是否积极主动参与小组工作,是否全过程参与,是否吃苦耐劳,是否具有工匠精神	
	交流沟通(20 分)	是否能良好地表达自己的观点,是否能倾听他人的观点	
	团队合作(20 分)	是否与小组成员合作完成任务,做到相互协作、互相帮助、听从指挥	
	创新意识(20 分)	看问题是否能独立思考,提出独到见解,是否能够利用创新思维解决遇到的问题	
成员 2 (100 分)	核心价值观(20 分)	是否有违背社会主义核心价值观的思想及行动	
	工作态度(20 分)	是否按时完成负责的工作内容、遵守纪律,是否积极主动参与小组工作,是否全过程参与,是否吃苦耐劳,是否具有工匠精神	
	交流沟通(20 分)	是否能良好地表达自己的观点,是否能倾听他人的观点	
	团队合作(20 分)	是否与小组成员合作完成任务,做到相互协作、互相帮助、听从指挥	
	创新意识(20 分)	看问题是否能独立思考,提出独到见解,是否能够利用创新思维解决遇到的问题	
成员 3 (100 分)	核心价值观(20 分)	是否有违背社会主义核心价值观的思想及行动	
	工作态度(20 分)	是否按时完成负责的工作内容、遵守纪律,是否积极主动参与小组工作,是否全过程参与,是否吃苦耐劳,是否具有工匠精神	

表(续2)

对象	评分项目	评分标准	评分
成员3 (100分)	交流沟通(20分)	是否能良好地表达自己的观点,是否能倾听他人的观点	
	团队合作(20分)	是否与小组成员合作完成任务,做到相互协作、互相帮助、听从指挥	
	创新意识(20分)	看问题是否能独立思考,提出独到见解,是否能够利用创新思维解决遇到的问题	
成员4 (100分)	核心价值观(20分)	是否有违背社会主义核心价值观的思想及行动	
	工作态度(20分)	是否按时完成负责的工作内容、遵守纪律,是否积极主动参与小组工作,是否全过程参与,是否吃苦耐劳,是否具有工匠精神	
	交流沟通(20分)	是否能良好地表达自己的观点,是否能倾听他人的观点	
	团队合作(20分)	是否与小组成员合作完成任务,做到相互协作、互相帮助、听从指挥	
	创新意识(20分)	看问题是否能独立思考,提出独到见解,是否能够利用创新思维解决遇到的问题	
成员5 (100分)	核心价值观(20分)	是否有违背社会主义核心价值观的思想及行动	
	工作态度(20分)	是否按时完成负责的工作内容、遵守纪律,是否积极主动参与小组工作,是否全过程参与,是否吃苦耐劳,是否具有工匠精神	
	交流沟通(20分)	是否能良好地表达自己的观点,是否能倾听他人的观点	
	团队合作(20分)	是否与小组成员合作完成任务,做到相互协作、互相帮助、听从指挥	
	创新意识(20分)	看问题是否能独立思考,提出独到见解,是否能够利用创新思维解决遇到的问题	
最终小组成员得分			

课后反思

<table>
<tr><td>学习领域</td><td colspan="5">焊条电弧焊</td></tr>
<tr><td>学习情境 2</td><td colspan="2">焊条电弧焊平敷焊</td><td>任务 2</td><td colspan="2">平敷板焊接</td></tr>
<tr><td>班级</td><td></td><td>第　　组</td><td>成员姓名</td><td colspan="2"></td></tr>
<tr><td colspan="2">情感反思</td><td colspan="4">通过对本任务的学习和实训,你认为自己在社会主义核心价值观、职业素养、学习和工作态度等方面有哪些需要提高的部分?</td></tr>
<tr><td colspan="2">知识反思</td><td colspan="4">通过对本任务的学习,你掌握了哪些知识点?请画出思维导图。</td></tr>
<tr><td colspan="2">技能反思</td><td colspan="4">在完成本任务的学习和实训过程中,你主要掌握了哪些技能?</td></tr>
<tr><td colspan="2">方法反思</td><td colspan="4">在完成本任务的学习和实训过程中,你主要掌握了哪些分析和解决问题的方法?</td></tr>
</table>

【焊接小故事】

赵毓忠和他心爱的焊枪

焊枪下弧光闪动，烟尘生起，很快一个焊接件完美地呈现出来，焊缝均匀一致，无须打磨，拿去质检就会发现，它的质量好过隔壁的焊接机器人的作品，堪称艺术品。赵毓忠同志作为哈尔滨电气集团有限公司首席技师，他手中的焊枪已"出神入化"，他的技术全厂的师傅都服气。

赵毓忠1993年从技校毕业分配到哈尔滨电机厂，成为一名电焊工人，他为成为电机厂的一员而感到自豪。但喜悦的心情、自豪的情绪并没有一直伴随着赵毓忠，随着对工作的进一步了解，他发现理论学习与实际操作完全不同，空有理论和一身蛮力并不能够转化为漂亮的焊缝。赵毓忠向全国劳动模范杨迪林同志学习技术，从此正式开启了赵毓忠拜师学艺、成长进步、从青涩到成熟的蜕变历程。

师从全国劳动模范杨迪林以后，在杨师傅身上赵毓忠学到的不仅仅是焊接技能，更是如何做人的道理，要做一个讲道德、有品行的人。对于刚刚步入社会的年轻人来讲，师傅的一言一行，言传身教无时无刻不在影响着赵毓忠，赵毓忠很幸运能够一入职场就碰到这么好的师傅，从此一个理想的种子在他心中生根发芽——立志做一个像杨迪林师傅那样德才兼备的人。

俗话说"师傅领进门、修行靠个人"，在学徒初期，赵毓忠如同影子一般，时刻跟随着师傅的脚步。一般产品赵毓忠在师傅的指导下进行操作，关键产品师傅手把手指导，赵毓忠常常拿着电焊面罩在一旁看师傅作业，帮着层间清理，将师傅的操作手法铭记于心。下班后，赵毓忠则开始默默练习白天学到的操作要领。一把焊枪伴赵毓忠左右，在弧光的映衬下，赵毓忠的技能水平得到了极大的提升，开始在同龄人中崭露头角。

从此之后，赵毓忠一直在生产一线从事焊接工作，他肯于钻研、爱岗敬业、勤奋工作、苦练本领，迅速成为一名生产骨干和焊接技术尖子。三十年来，他先后参与并完成了公司与美国、法国、日本等国家合作生产的多台机组以及三峡、龙滩、溧阳、仙居、丰宁、白鹤滩、两河口等重点项目，首台美国GE公司39万千瓦汽轮发电机、泰州百万千瓦汽轮发电机以及三门、海阳核电等机组部件的焊接工作，他生产的产品质量均达到国际标准。在他的信条里，外国人做不了的技术，我能做，外国人有的技术，我做得更好。工作中，他立足本岗，勇于攻关，在诸多生产关键中攻克各种焊接技术难关20余项，为国家重点项目的完成做出了突出贡献。为了攻克白鹤滩顶盖，上海庙百万机座，两河口转轮、顶盖，阳江、文登、周宁顶盖、底环、座环等新产品的焊接技术难关，他常常带领焊接团队勇挑重担，加班加点，在厂房里开启了攻坚克难的技术战役，最终以优异的产品质量满足了业主精品验收标准，得到了业主的一致好评。

参加工作三十年，赵毓忠扎根一线，与焊枪为伴，从一名技校毕生一步步成长为焊接高级技师、哈尔滨电气集团有限公司首席技师、国家级技师工作室领办人。三十年间，他与焊枪、焊花结下了不解之缘。有人曾问过赵毓忠一个问题："你在拿起焊枪的时候，究竟是一种什么感觉？"赵毓忠想了想说："我干了三十年焊工，每一次拿起焊枪，还跟第一次拿焊枪一样，还总是有些激动。真的，那感觉一点儿没变，拿起焊枪就好像拿起钢枪，阵地就是我的工作岗位，而摆在我面前的困难，就是我的敌人。”或许正是因为这种不变的感觉，赵毓忠在工作岗位上才兢兢业业，始终坚守着那片属于他的执着。他总说是党和国家培养了他，他心中放不下这份责任，只有在焊接这个岗位上才觉得更踏实、更有作为。

学习情境3　焊条电弧焊T型平位角焊

【学习指南】

【情境导入】

某空气储罐生产企业对空气储罐上的焊缝有相应的质量要求，作为焊接人员需按照检测标准及规定对该空气储罐焊缝加工进行技术分解，拆分为多个焊位的焊接作业。本学习情境为T型接头焊接，需完成从T型接头制备到焊接作业全部工序，通过学习学生可进一步控制电弧，提高焊接手法，并在教师的指导下合理调节焊接T型接头所用工艺参数；能够采用正确的安全要求和操作手法完成T型接头焊接作业，保证焊缝成型质量，不断提高焊接作业水平。T型接头如图3-1所示。

图3-1　T型接头

【学习目标】

知识目标：

1. 能够准确说出各类焊接接头的专业符号、要求；
2. 能够准确说出制备T型角焊待用试件所使用的设备；
3. 能够准确阐述T型平位角焊的基本知识；
4. 能够准确阐述T型平位角焊的操作要点与平敷焊操作要点的区别。

能力目标：

1. 能够按照焊接设备的安全操作规程启动、关闭设备；
2. 能够清点焊接设备各个部件，确认焊接设备工作状态；
3. 能够掌握T型平位角焊的基本知识；

4. 能够掌握 T 型平位角焊的操作要点。

素质目标：

1. 树立成本意识、质量意识、创新意识；
2. 养成勇于担当、团队合作的职业素养；
3. 初步养成工匠精神、劳动精神、劳模精神；
4. 以劳树德，以劳增智，以劳创新。

任务 1　T 型平角焊结构设计

【任务工单】

<table>
<tr><td>学习领域</td><td colspan="6">焊条电弧焊</td></tr>
<tr><td>学习情境 3</td><td colspan="2">焊条电弧焊 T 型平位角焊</td><td colspan="2">任务 1</td><td colspan="2">T 型平角焊结构设计</td></tr>
<tr><td colspan="3">任务学时</td><td colspan="4">10</td></tr>
<tr><td colspan="7">布置任务</td></tr>
<tr><td>工作目标</td><td colspan="6">1. 掌握焊接结构的基本知识；
2. 了解焊接结构的类型；
3. 了解焊接接头种类；
4. 能认识、区分不同的焊接符号；
5. 能制备出不同接头尺寸要求的 T 型角焊接试件</td></tr>
<tr><td>任务描述</td><td colspan="6">学生根据企业生产的相应要求，制备出不同接头尺寸要求的 T 型角焊接试件</td></tr>
<tr><td>学时安排</td><td>资讯
4 学时</td><td>计划
1 学时</td><td>决策
1 学时</td><td>实施
3 学时</td><td>检查
0.5 学时</td><td>评价
0.5 学时</td></tr>
<tr><td>提供资料</td><td colspan="6">1.《国际焊接工程师培训教程》(2013 版)　哈尔滨焊接技术培训中心；
2.《国际焊接技师培训教程》(2013 版)　哈尔滨焊接技术培训中心；
3.《焊条电弧焊》　人力资源和社会保障部教材办公室主编，中国劳动社会保障出版社，2009 年 5 月；
4.《焊条电弧焊》　侯勇主编，机械工业出版社，2018 年 5 月；
5. 利用网络资源进行咨询</td></tr>
<tr><td>对学生的要求</td><td colspan="6">1. 掌握一定的焊接专业基础知识(焊接方法、工艺、生产流程)，经历了专业实习，对焊接企业的产品及行业领域有一定的了解；
2. 具有独立思考、善于发现问题的良好习惯，能对任务书进行分析，能正确理解和描述目标要求；
3. 具有查询资料和市场调研能力，具备严谨求实和开拓创新的学习态度</td></tr>
</table>

资讯单

<table>
<tr><td>学习领域</td><td colspan="4">焊条电弧焊</td></tr>
<tr><td>学习情境 3</td><td colspan="2">焊条电弧焊 T 型平位角焊</td><td>任务 1</td><td>T 型平角焊结构设计</td></tr>
<tr><td colspan="3">资讯学时</td><td colspan="2">4</td></tr>
<tr><td>资讯方式</td><td colspan="4">在图书馆查询相关杂志、图书,利用互联网查询相关资料,咨询任课教师</td></tr>
<tr><td rowspan="17">资讯内容</td><td rowspan="11">知识点</td><td rowspan="5">焊接接头结构形式</td><td colspan="2">问题:你都知道有哪些形式的焊接接头?</td></tr>
<tr><td colspan="2">问题:角焊缝用什么符号来表示?</td></tr>
<tr><td colspan="2">问题:请你画一画你熟悉的焊缝的符号,并说明它们代表的含义</td></tr>
<tr><td colspan="2">问题:请你简单叙述一下焊接接头的种类</td></tr>
<tr><td colspan="2">问题:T 型接头点固焊需要注意什么? 如何保证 T 型接头的角度?</td></tr>
<tr><td rowspan="6">知焊接结构</td><td colspan="2">问题:焊接结构有哪些优点和缺点?</td></tr>
<tr><td colspan="2">问题:焊接结构会受到哪些载荷的影响?</td></tr>
<tr><td colspan="2">问题:制备 T 型焊接接头需要哪些设备?</td></tr>
<tr><td colspan="2">问题:如何制备 T 型焊接接头试板?</td></tr>
<tr><td colspan="2">问题:焊接结构都有哪些接头形式?</td></tr>
<tr><td colspan="2">问题:焊接接头有哪些局限性?</td></tr>
<tr><td rowspan="2">技能点</td><td colspan="3">完成 T 型接头的制备作业</td></tr>
<tr><td colspan="3">以焊接生产车间为例,完成 T 型接头的制备、焊条电弧焊装配工作任务</td></tr>
<tr><td rowspan="3">思政点</td><td colspan="3">培养学生的爱国情怀和民族自豪感,做到爱国敬业、诚信友善</td></tr>
<tr><td colspan="3">培养学生树立质量意识、安全意识,认识到我们每一个人都是工程建设质量的守护者</td></tr>
<tr><td colspan="3">培养学生具有社会责任感和社会参与意识</td></tr>
<tr><td>学生需要单独资询的问题</td><td colspan="3"></td></tr>
</table>

【课前自学】

知识点 1:焊接接头结构形式

一、焊接接头作用、种类及特点

1. 焊接接头作用

焊接接头是用焊接方法连接的不可拆卸的接头。它由焊缝、熔合区、热影响区及其邻近的母材组成。在焊接结构中,焊接接头通常要承担两方面的作用:第一是连接作用,即把焊件连接成一个整体;第二是传导力作用,即传递工件所承受的载荷。

所有的焊接接头都将承担连接作用,否则就没有存在的必要;所有的焊接接头也都或多或少地承担传导力作用。焊缝与被焊工件并联的接头,焊缝传递很小的载荷,焊缝一旦断裂,结构不会立即失效,这种接头叫作联系接头,它的焊缝被称为联系焊缝;焊缝与被焊工件串联的接头,焊缝传递工件所承受的全部载荷,焊缝一旦断裂,结构就会立即失效,这种接头叫作承载(工作)接头,它的焊缝被称为承载(工作)焊缝。此外,还有一种双重性接头,焊缝既要起到连接作用又要传递一定的工作载荷,这种焊缝叫作双重性焊缝。联系焊缝所承受的应力称为联系应力;承载(工作)焊缝所承受的应力称为工作应力;具有双重性的焊缝,既有联系应力又有工作应力。性能设计时,联系焊缝无须计算焊缝强度,承载(工作)焊缝的强度必须计算,双重型接头只计算焊缝的工作应力,而不考虑联系应力。

2. 焊接接头种类

焊接接头是把零件或部件用焊接的方法相互连接起来的区域,接头的种类是通过零部件在结构设计上相互配置的情况而确定的。表 3-1 和图 3-2 列举了与构件间相互位置有关的各种接头种类。

表 3-1　接头种类及说明

接头种类	说明
对接接头	部件处于同一平面内,彼此对接
平行接头	部件上下平行放置
T 型接头	部件相互成直角(T 型)连接
十字型接头	两个位于同一平面的部件,同在它们之间的第三个部件直角连接(双 T 型)
斜接接头	一个部件相对于另一个部件倾斜地连接,两个部件以任意角度相互连接
交叉接头	两个部件相互交叉连接
角接接头	部件端部相互成一定角度(非直角)连接

3. 焊接接头特点

焊接作为理想的连接手段,与其他连接方法相比,具有许多明显的优点。但同时在许多情况下,焊接接头又是焊接结构上的薄弱环节。设计人员选择焊接作为结构的连接方法,不仅要了解焊接接头的优点,还需要深刻地把握焊接接头存在的突出问题。

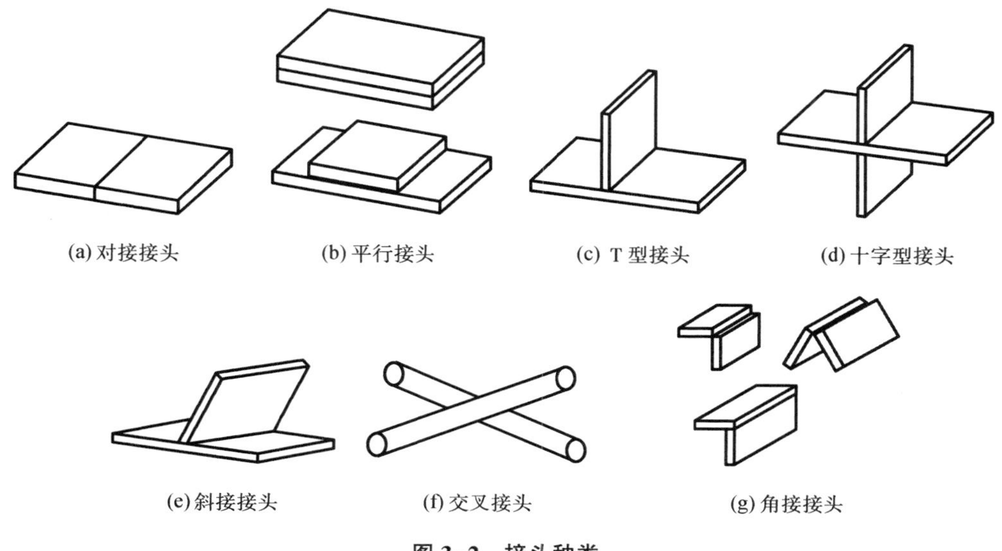

(a) 对接接头　(b) 平行接头　(c) T 型接头　(d) 十字型接头

(e) 斜接接头　(f) 交叉接头　(g) 角接接头

图 3-2　接头种类

(1)焊接接头优点

①承载的多向性,特别是焊透的熔焊接头,能很好地承受各向载荷;

②结构的多样性,能很好地适应不同几何形状尺寸、不同材料类型结构的连接要求,材料的利用率高,接头所占空间小;

③连接的可靠性,现代焊接和检验技术水平可保证获得高品质、高可靠性的焊接接头,使焊接接头成为现代各种金属结构特别是大型结构理想的、不可替代的连接方法;

④加工的经济性,焊工操作难度较低,可实现自动化,检查维护简单,修理容易,制造成本相对较低,可以做到几乎不产生废品。

(2)焊接接头缺点

①几何上的不连续性,接头在几何上可能存在突变,同时可能存在各种焊接缺陷,从而引起应力集中,减小承载面积,导致形成断裂源;

②力学性能上的不均匀性,接头区不大,但可能存在脆化区、软化区、各种劣质性能区;

③存在焊接变形与残余应力,接头区常常存在角变形、错边等焊接变形和接近材料屈服应力水平的残余内应力,此外还容易造成整个结构的变形。

二、焊接接头在图样上的表示方法

为了简化图样上的焊缝,可采用符号标注出焊缝形式、焊缝和坡口尺寸、焊接方法及技术要求,这样的符号称为焊缝符号。《焊缝符号表示法》(GB/T 324—2008)规定了焊缝符号的表示方法,《焊接及相关工艺方法代号》(GB/T 5185—2005)规定了焊接及相关工艺方法代号。

1. 焊缝基本符号

焊缝采用近似焊缝横截面形状的符号来表示。常用焊缝基本符号如表 3-2 所示。

表 3–2　常用焊缝基本符号

序号	名称	示意图	符号
1	卷边焊缝		
2	I 型坡口对接焊缝		
3	V 型坡口对接焊缝		
4	单边坡口对接焊缝	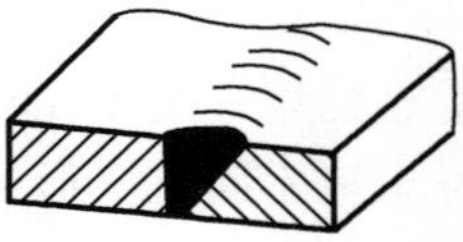	
5	Y 型坡口对接焊缝		
6	单边 Y 型坡口对接焊缝		
7	带钝边 U 型焊缝		
8	带钝边 J 型焊缝		
9	封底焊缝		

表 3-2(续 1)

序号	名称	示意图	符号
10	角焊缝	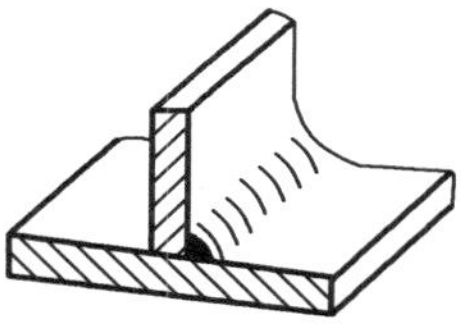	◺
11	塞焊缝或槽焊缝	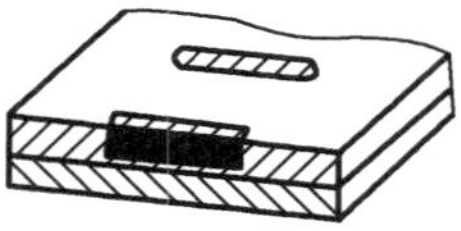	⊓
12	点焊缝	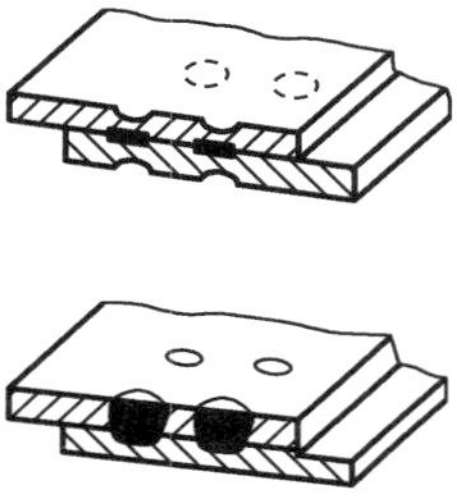	○
13	缝焊缝	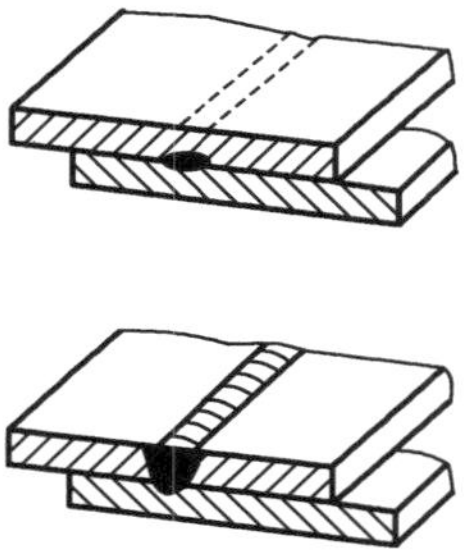	 ⊖
14	陡边 V 型焊缝	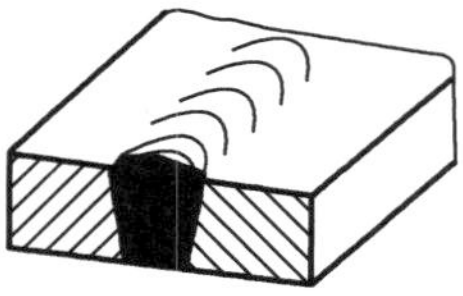	
15	陡边单 V 型焊缝	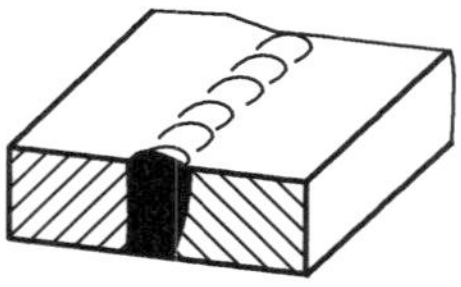	
16	端焊缝		|||

表 3-2(续 2)

序号	名称	示意图	符号
17	堆焊缝		
18	平面连接(钎焊)		
19	斜面连接(钎焊)		
20	折叠连接(钎焊)		

2. 焊缝补充符号

焊缝补充符号是为了补充说明焊缝的某些特征而采用的符号,如表 3-3 所示。

表 3-3 焊缝补充符号

序号	名称	符号	说明
1	平面		焊缝表面通常经过加工后平整
2	凹面		焊缝表面凹陷
3	凸面		焊缝表面凸起
4	圆滑过渡		焊趾处过渡圆滑
5	永久衬垫	M	衬垫永久保留
6	临时衬垫	MR	衬垫在焊接完成后拆除

3. 焊缝组合符号

焊缝组合符号是为了补充说明焊缝的组合形式而采用的符号，如表 3-4 所示。

表 3-4　焊缝组合符号

序号	名称	示意图	符号
1	双面 V 型焊缝(X 焊缝)	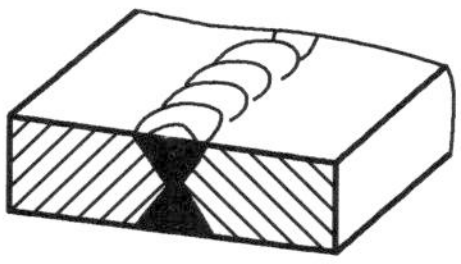	X
2	双面单 V 型焊缝(K 焊缝)	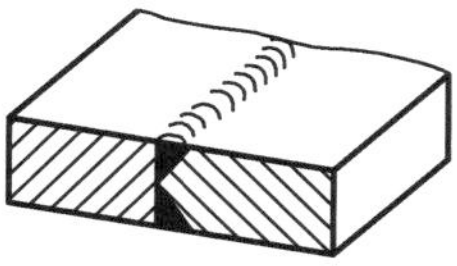	K
3	带钝边的双面 V 型焊缝		
4	带钝边的双面单 V 型焊缝	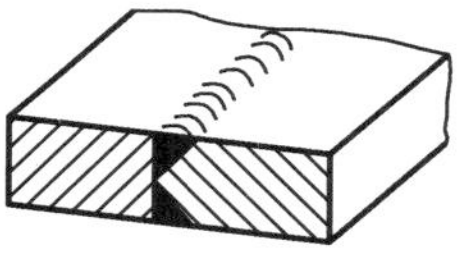	
5	双面 U 型焊缝	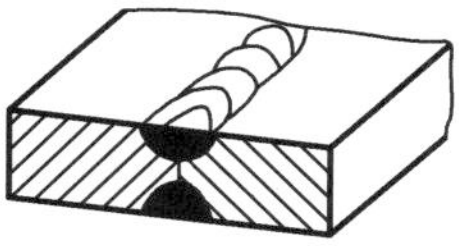	
6	平面(磨平)的单面 V 型坡口对接焊缝		
7	凸面的双面 V 型坡口焊缝		
8	凹面的角焊缝	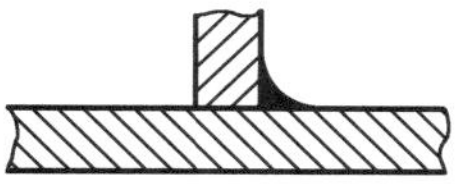	

表 3-4(续)

序号	名称	示意图	符号
9	平面(磨平)、带平面(磨平)封底焊道的单面 V 型坡口对接焊缝		
10	带封底焊道的 Y 型坡口对接焊缝		
11	最终磨平的单面 V 型坡口对接焊缝		
12	平滑过渡表面的角焊缝		

三、接头设计

两块钢板呈 T 字型结合的接头称为 T 型接头,此接头一个焊件的端面与另一个焊件的表面构成直角或近似直角,如图 3-3 所示。

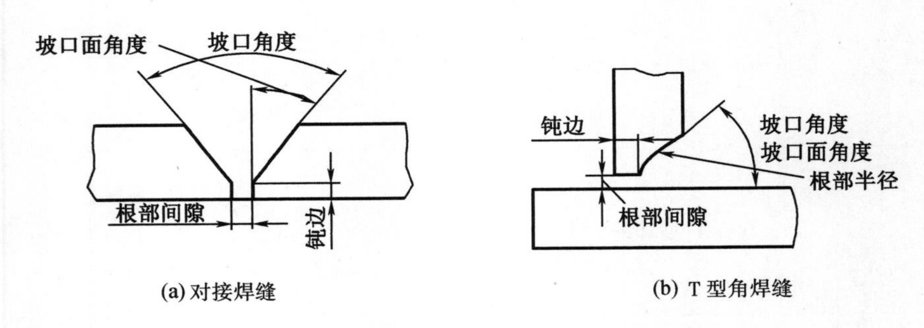

图 3-3　接头图例

T 型接头是典型的电弧焊接头,能承受各个方向的力和力矩;开坡口时,可以保证焊透,其强度和受力特点同对接接头一样,特别适用于承受动载荷。T 型接头的坡口形式主要有 I 型坡口、单边 V 型坡口、K 型坡口及带钝边双 J 型坡口等(图 3-4)。

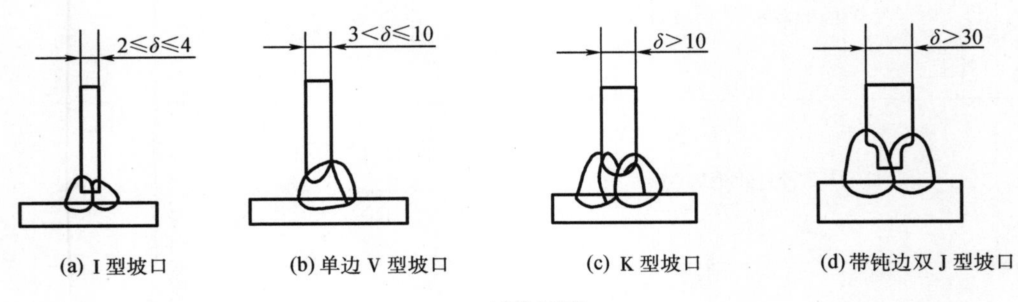

δ—试件厚度。

图 3-4　T 型接头坡口形式(单位:mm)

知识点2:焊接结构

一、焊接结构的特点

用焊接方法制造的结构称为焊接结构。它与铆钉、螺栓连接的结构相比较,或者与铸造、锻造方法制造的结构相比较,具有下列特点,这些特点在设计焊接结构时必须充分考虑。

1. 焊接结构的优点

(1)焊接接头强度高

铆钉或螺栓结构的接头,需预先在母材上钻孔,因而削弱了接头的工作截面,其接头的强度低于母材20%左右。而现代焊接技术已经能做到焊接接头的强度等于甚至高于母材的强度。

(2)焊接结构设计的灵活性大

①焊接结构的几何形状不受限制

铆接、铸造和锻造等无法制造的空心封闭结构,用焊接方法制造并不困难。

②结构的壁厚不受限制

被焊接的两构件,其厚度可厚可薄,而且厚与薄相差很大的两构件也能相互焊接。

③结构的外形尺寸不受限制

任何大型的金属结构,可以按起重运输条件允许的尺寸范围划分成若干部分,分别制造,然后吊运到现场组装焊成整体。而铸造或锻造结构受工艺和设备条件限制,外形尺寸不能做得太大。

④可以充分利用轧制型材组焊成所需要的结构

这些轧制型材可以是标准的,也可以按需要设计成专用(非标准)的,这样的结构质量轻、焊缝少。

⑤可以和其他工艺方法联合制造

如设计成铸-焊、锻-焊、栓-焊、冲压-焊接等联合的金属结构。

⑥异种金属材料可以焊接

在一个结构上,可以按需要在不同部位配置不同性能的金属材料,然后把它们焊接成一个实用的整体,以充分发挥材料各自的性能,做到物尽其用。

(3)焊接接头密封性好

焊缝处的气密性能和液密性能是其他连接方法无法比拟的。特别在高温、高压容器的结构上,只有焊接才是最理想的连接形式。

(4)焊前准备工作简单

近年来数控精密切割技术的发展,使得各种厚度或形状复杂的待焊件,不必预先画线就能直接从板料上切割出来,一般不再经过机械加工就能投入装配和焊接。

(5)结构的变更与改型快且容易

铸造需预先制作模样(木模)与铸型,锻压需制作模具等,生产周期长、成本高。而焊接结构可根据市场需求,很快改变设计或者转产别的类型焊接产品,并不因此而增加很多投资。

(6)最适于制作大型或重型的，结构简单的，单件小批量生产的产品结构

由于受设备容量的限制，铸造与锻造制作大型金属结构困难，甚至不可能完成。对于焊接结构来说，结构越大越简单就越能发挥它的优越性。但是当进行构件小、形状复杂、大批量生产的产品时，从技术和经济性上来看焊接就不一定比铸造或锻造更优越了。随着焊接机器人技术的应用与发展，以及柔性制造系统的建立，焊接结构的这种劣势也将改变。如果在结构设计上能使焊缝有规则地布置，就很容易实现高效率的机械化和自动化的焊接生产。

(7)成品率高

若出现焊接缺陷，修复容易，很少产生废品。

2. 焊接结构的缺点

(1)产生焊接变形和应力

焊接是一种局部加热过程，焊后焊缝区的收缩将引起结构的各种变形和残余应力，这会对结构的工作性能产生一定影响。如焊接应力可能导致裂纹；残余应力对结构强度和尺寸稳定性不利；超过允许范围的焊接变形会增加矫正或机械加工的工作量，使制造成本增加等。

(2)对应力集中敏感

焊接结构具有整体性，其刚性大，对应力集中较为敏感。应力集中点是结构疲劳破坏和脆性断裂的起源。因此，在焊接结构设计时，要避免或减少产生应力集中的一切因素，如处理好断面变化处的过渡；保证结构具有施焊的良好条件，不致因焊接困难而产生焊接缺陷等。

(3)焊接接头上性能不均匀

焊缝金属是母材和填充金属在焊接热作用下熔合而成的铸造组织，靠近焊缝金属的母材，受到焊接热的影响而发生组织变化，结果在整个焊接区出现了化学成分、金相组织、物理性质和力学性能不同于母材的情况。因此，在选择母材和焊接材料，以及制订焊接工艺时，应保证接头处的性能符合产品的技术要求。

(4)整体性强

从整体结构上看，焊接结构的水密性和气密性好，但同时刚性增大，对应力集中敏感性增大，一旦有裂纹扩展便很难止住，这一点不如铆接结构。

焊接结构设计时应充分利用和发挥其优点，同时对于缺点必须十分重视和认真对待，按目前的焊接技术发展水平，这些缺点和问题是可以克服和解决的。

二、焊接结构的分类

焊接结构种类繁多，从不同的角度有不同的分类方法，且世界各国的专业人士对此也有不同的观点。通常人们认为按照原材料的不同焊接结构可分为钢结构和有色金属结构，按照材料类型可将焊接结构分为板(材)结构和框(格)架结构，按照产品的类别和特点可分为容器和管道、房屋建筑、桥梁、船舶与海洋、塔桅、机车车辆、汽车、工程机械和机器等焊接结构。这里根据结构工作的性质以及设计和制造特点来讨论典型结构的类型。

1. 梁与柱结构

工作在横向弯曲载荷下和纵向弯曲或压力下的结构可称为梁、柱。梁、柱是组成各类

建筑钢结构的基础，如高层建筑的钢结构、冶金厂房的钢结构（屋架，吊车梁、柱等）、冶炼平台的框架结构等。它还是各类起重机金属结构的基础，如起重机的主梁、横梁，门式起重机的支腿、栈桥结构等。用作建筑钢结构的梁、柱常常在静载下工作。而作为起重机的金属结构梁则在交变载荷下工作，有时还是在露天条件下（桥梁、门式吊车、栈桥等）工作，受气候环境与温度的影响，这类结构的脆断和疲劳问题应引起重点关注。

2. 桁架结构

由多种杆件通过节点连接成承担载荷的梁或柱结构，而各杆件都是工作在拉伸或压缩载荷作用下的结构称为桁架。作为梁的桁架结构杆件分为上、下弦杆，腹杆（又分竖杆和斜杆），载荷作用在节点上，从而使各杆件成为只受拉（或压）力作用的二力杆。实际上，许多高耸结构，如输变电钢塔、电视塔等都是桁架。

3. 壳体结构

壳体结构是充分发挥焊接结构水密、气密特点，运用最广、用钢量最大的结构。它包括各种焊接容器、立式和卧式储罐（圆筒形）、球形容器（包括水珠状容器）、各种工业锅炉、废热锅炉、电站锅炉的汽包，各种压力容器，以及冶金设备（高炉炉壳、热风炉、除尘器、洗涤塔等）、水泥窑护壳、水轮发电机的蜗壳等。

壳体结构大多用钢板成型加工后拼焊而成，要求焊缝致密。一些承受内压或外压的结构，一旦焊缝失效，将造成重大损失，因此对这类结构的设计和制造、监察应按国家法规进行。

4. 舱（箱）体结构

舱（箱）体结构结构大多承受动载，有很高的强度、刚度、安全性要求，并希望质量最小，如汽车结构（轿车车体、载重车的驾驶室等）、铁路货车、客车车体和船体结构等，而汽车结构全部、客车体大部分又是冷冲压后经电阻焊或熔化焊组成的结构。

5. 机件结构

机件结构或零件是机器的一部分，要满足工作机器的各项要求，如工作载荷常是冲击或交变载荷，还常要求耐磨、耐蚀、耐高温等。为满足这些要求或满足零件不同部位的不同要求，这类结构往往先采用多种材料与工艺制成毛坯，再焊接而成，构成复合结构，常见的有铸-压-焊结构、铸-焊结构和锻-焊结构等。复合结构的焊接可以在加工毛坯后完成，如挖掘机的焊接铲斗；而大多数是粗加工或未经机加工的毛坯焊接成结构后再精加工完成，如巨型焊接齿轮、鼓筒、汽轮发电机的转子和水轮机的焊接主轴、转轮和座环等。

三、焊接结构设计的基本原则

1. 合理选择和利用材料

所选用的金属材料必须同时满足使用性能和加工性能的要求，前者包括强度、韧度、耐磨、耐蚀、抗蠕变等性能；后者主要是焊接性能，其次是其他冷、热加工性能，如热切割、冷弯、热弯、金属切削及热处理等性能。

在结构上有特殊性能要求的部位，可采用特种金属材料，其余采用能满足一般要求的廉价材料。如有防腐蚀要求的结构，可采用以普通碳钢为基体，以不锈钢为工作面的复合钢板或者在基体上堆焊抗蚀层；又如有耐磨要求的构件，仅在工作面上堆焊耐磨合金或热喷涂耐磨层等。充分发挥异种金属材料能进行焊接的特点。

尽可能选用轧制的标准型材和异型材。通常轧制型材表面光洁平整、质量均匀可靠，使用时不仅减少了许多备料工作量，还可减少焊缝数量。由于焊接量减少，焊接变形易于控制。

在划分结构的零部件时，要考虑到备料过程中合理排料的可能性，以减少余料，提高材料利用率。

2. 合理设计结构形式

能满足上述基本要求的结构形式都被认为是合理的结构设计，也就是可以从实用、可靠、可加工和经济等方面对结构设计的合理性进行综合评价。设计时，一般应注意以下几点。

(1)根据强度、刚度、稳定的要求，以最理想的受力状态去确定结构的几何形状和尺寸。切忌仿效铆接、铸造、锻造结构的构造形式。

(2)既要重视结构的整体设计，也要重视结构的细部处理。这是因为焊接结构属刚性连接的结构，结构的整体性意味着任何部位的构造都同等重要，许多焊接结构的破坏事故起源于局部构造设计不合理处。对于应力复杂或应力集中的部位更要慎重处理，如结构中的结点、断面变化部位、焊接接头的焊趾处等。

(3)要有利于实现机械化和自动化焊接。为此，应尽量采用简单、平直的结构形式；减少短而不规则的焊缝；一条焊缝上其截面应相同；要避免采用难以弯曲加工或冲压的具有复杂空间曲面的结构；尽量减少施焊时的翻身次数；组装时，定位和夹紧应方便。

3. 减少焊接量

除了前述尽量多选用轧制型材减少焊缝外，还可以利用冲压件代替部分焊件；结构形状复杂，角焊缝多且密集的部位，可用铸钢件代替；肋板的焊缝数量多工作量大，必要时可以适当增加基体壁厚，以减少或不用肋板；对于角焊缝，在保证强度要求的前提下，尽可能用最少的焊脚尺寸，因为焊缝面积与焊脚高的平方成正比；对于坡口焊缝，在保证焊透的前提下，应选用填充金属量最少的坡口形式。

4. 合理布置焊缝

有对称轴的焊接结构，焊缝宜对称布置，或布置在接近对称轴处，这有利于控制焊接变形；要避免焊缝汇交和密集；在结构上有焊缝汇交时，使重要焊缝连续，让次要焊缝中断，这有利于重要焊缝实现自动焊，保证其质量；尽可能使焊缝避开高工作应力部位、应力集中处、机械加工面和需变质处理的表面等。

5. 施工方便

必须使每条焊缝都能方便施焊和进行质量检验。例如，焊缝周围要留有足够焊接和质量检验的操作空间；尽量使焊缝都能在工厂中焊接，减少在工地的焊接量；减少手工焊接量，增大自动焊接量；对双面焊缝，操作方便的一面用大坡口，施焊条件差的一面用小坡口，必要时改用单面焊双面成型的接头坡口形式和焊接工艺；尽量减少仰焊或立焊的焊缝，仰焊或立焊的焊接劳动条件差，不易保证质量，且生产率低。

6. 有利于生产组织与管理

经验证明，大型焊接结构采用部件组装的生产方式有利于工厂的组织管理。因此，设计大型焊接结构时，要进行合理分段。分段时，一般要综合考虑起重运输条件、焊接变形控制、焊后热处理、机械加工、质量检验和总装配等因素。

四、不同载荷条件下焊接接头的行为

(1)在静载及主静载的状态下，有可能发生形变断裂、脆性断裂、层状撕裂、失稳破坏。

(2)环境温度过高或过低时可能产生破坏力,在高温条件下可能发生蠕变失效,在低温条件下可能发生脆性断裂。

(3)动载状态下有可能发生疲劳断裂。

载荷主要可分为静载荷及主要静载荷、动载荷、脉动载荷、交变载荷、对称交变载荷。

用应力极限比(或作用力比、力矩比)对载荷分类。所谓应力极限比即构件所受最小应力与最大应力的比,可表示为

$$æ(\text{kappa}) = \sigma_{min}/\sigma_{max}$$

æ 又称载荷特征值。

当 æ=1 时为静载荷;

当 0.5<æ≤1 时,考虑构件寿命,载荷作用次数限制在 10 000 次以内,称为主要静载荷;

当 0≤æ≤0.5 时为脉动载荷;

当-1≤æ<0 时为交变载荷。

载荷种类对构件的强度行为具有根本的影响。随着载荷特征值的变小,构件产生疲劳断裂的危险增大。

对每一个焊接结构,在设计之前就应充分考虑到在不同的载荷状态下,其所承受相应载荷的能力,并使其达到设计的使用寿命。此外,构件是否出现疲劳断裂还受构件本身形状、材料厚度、表面状况或腐蚀情况等的影响。

五、温度对接头的影响

1. 高温下的焊接接头性能

在热负载结构中,温度因素对应力起着重要作用,材料的持久强度与温度和时间有关系。

钢质材料的强度随着温度的升高而降低,从而导致在常温下测得的材料强度指标(屈服极限、抗拉强度)往往不能满足高温下工作的焊接结构对强度性能的要求。

材料在恒定的载荷下所发生的塑性变形叫"蠕变"。当一种钢材在一定的载荷下被加热到某一固定的温度时,即会发生蠕变而直至断裂。

2. 低温下的焊接接头性能

晶格为体心立方体的碳钢和合金钢,在低温状态下会发生脆性断裂,这一特性称为低温脆性,导致材料发生脆性转变的最高温度叫作脆性转变温度。因此,对于在低温下工作的焊接结构,主要选用具有良好低温韧性的面心立方奥氏体钢作为结构用钢,当温度低于-150 ℃时,也可选用含镍 1.5%~9%的铁素体钢,但必须保证选用相同材质的焊接填充材料。

六、焊接应力与变形基础知识

热效应导致构件内产生焊接内应力,不同的工艺、部位产生不同形状的温度场。

图 3-5 所示为在自由状态下,钢棒被加热而延伸,而在冷却时又恢复到原始长度,在整个过程中不存在延伸和收缩阻力,因此在钢棒内不存在内应力。

图 3-6 所示为在自由延伸-限制收缩的状态下,钢棒在被加热时自由延伸,而在冷却时其收缩却受到限制,冷却后在钢棒内将产生拉应力。当拉应力大于材料抗拉强度时,将导致钢棒断裂。

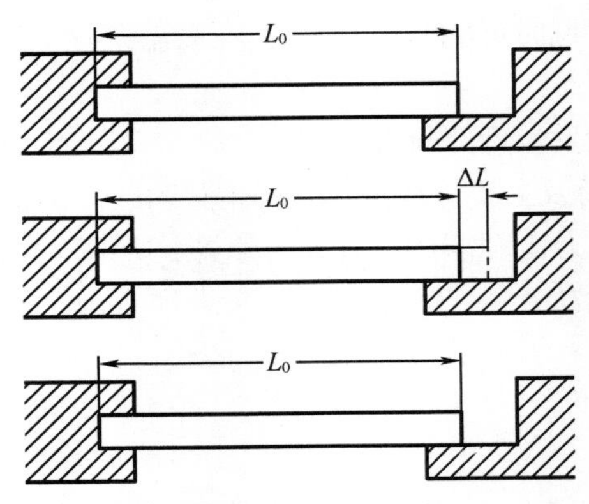

L_0—原始长度；ΔL—延伸长度。

图 3-5　自由状态下钢棒被加热、冷却示意图

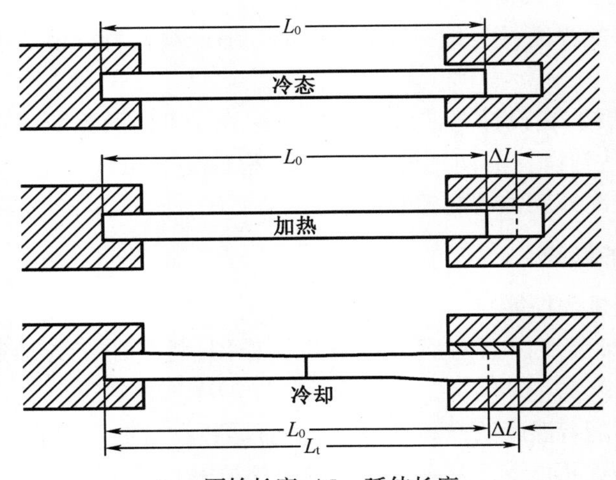

L_0—原始长度；ΔL—延伸长度。

图 3-6　自由延伸-限制收缩状态下钢棒加热、自由冷却受限示意图

图 3-7 所示为在限制延伸-自由收缩状态下，钢棒受热时不能自由延伸而产生压应力，随着加热温度的提高，屈服极限随之下降，并导致镦粗，随之压应力下降。在冷却时对收缩没有限制，而镦粗部位又不能恢复原态，故钢棒将缩短，但不存在残余应力。

图 3-8 所示为在限制延伸-限制收缩状态下，加热时钢棒的延伸受到限制，产生压应力，随着温度的升高，钢棒的屈服极限下降，直至产生镦粗，随之压应力减小。在冷却时，钢棒的收缩受到限制，导致在钢棒内产生拉应力（收缩应力）。

七、焊接应力与变形

1. 典型钢棒内应力的分析

一钢棒固定在刚性结构上加热，如图 3-9 所示，由于钢棒延伸受到限制而产生压应力。

图 3-10 所示为一端固定的钢棒加热到约 1 500 ℃（理论上），随着温度的升高，钢棒的抗变形能力下降，出现延伸及镦粗。冷却至室温时，钢棒约缩短了 2%，该 2%即为铸造时所要考虑的收缩量。

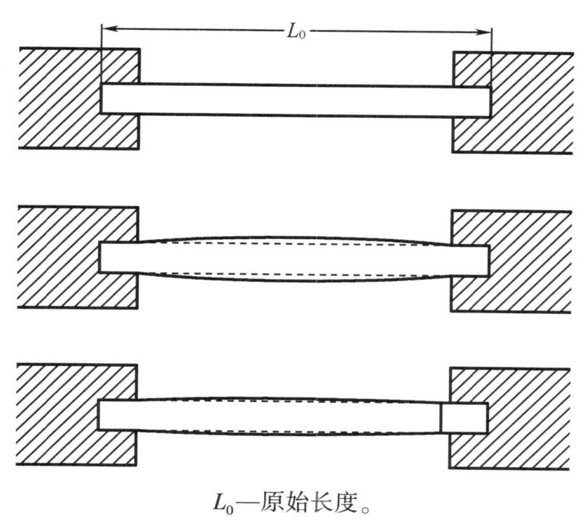

L_0—原始长度。

图 3-7　限制延伸-自由收缩状态下钢棒加热受限、冷却自由示意图

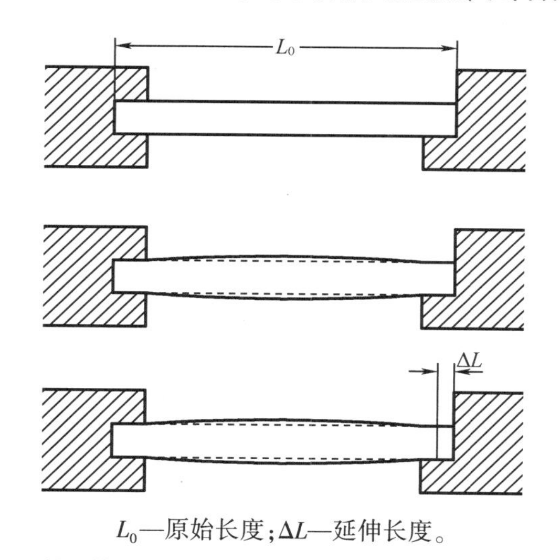

L_0—原始长度；ΔL—延伸长度。

图 3-8　限制延伸-限制收缩状态下钢棒加热受限、冷却受限示意图

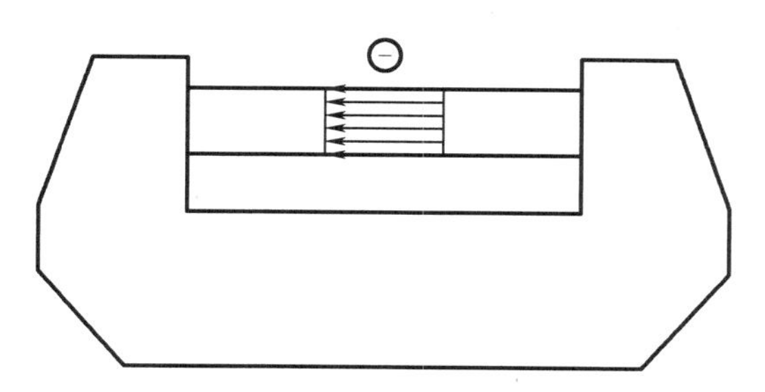

图 3-9　钢棒固定在刚性结构上加热应力图

图 3-11 所示为两端固定的钢棒，加热及冷却过程和上述一样，当冷却至室温时，钢棒将被拉长大约 2%（其中一部分为塑性的，一部分为弹性的），弹性部分产生了残余应力，即拉应力。根据平衡原理，在固定钢棒的刚性结构中也有应力存在。

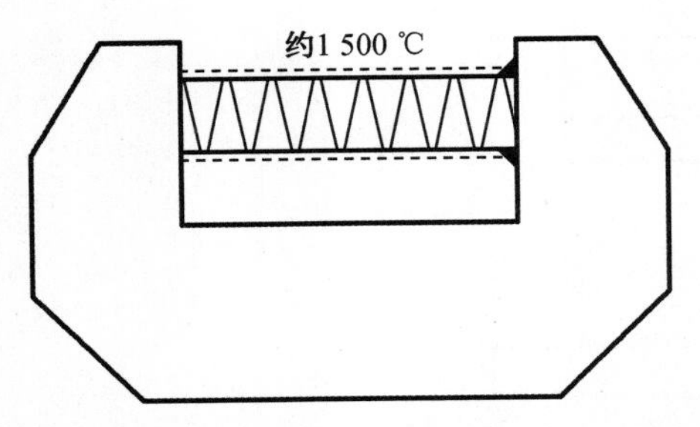

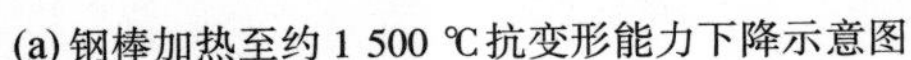
(a) 钢棒加热至约 1 500 ℃抗变形能力下降示意图

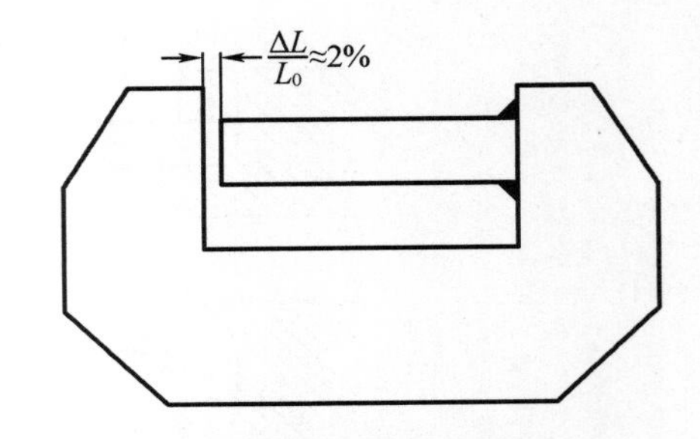

(b) 钢棒冷却缩短示意图

图 3-10　一端固定的钢棒加热、冷却后缩短示意图

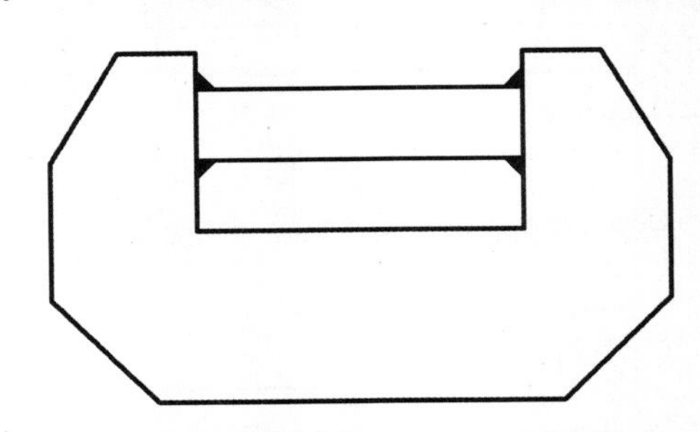

图 3-11　钢棒两端固定加热、冷却示意图

2. 焊件内应力的产生及分布

焊接时发生应力和变形的原因是焊件受到不均匀加热,并且加热所引起的热变形和组织变形受到焊件本身刚度的约束。在焊接过程中所发生的应力和变形被称为暂态或瞬态的应力变形,而在焊接完毕和构件完全冷却后残留的应力及变形,称为残余或剩余的应力应变。

焊接时焊件受到不均匀加热并使焊缝区熔化,与焊接熔池毗邻的高温区材料的热膨胀则受到周围冷态材料的制约,产生不均匀的压缩塑性变形。在冷却过程中,已发生压缩塑性变形的这部分材料同样受到周围金属的制约而不能自由收缩,并在一定程度上受到拉伸而卸载。此时,熔池凝固,焊缝金属冷却收缩也因受到制约而产生收缩拉应力和变形。这样,在焊接接头区域产生了缩短的不协调应变,即残余应变,或称之为初始应变或固有应变。

(1)纵向应力产生的原因

金属在加热时的伸长量与温度成正比(自由状态下)。我们假设被焊钢板是由无数可以自由伸缩的小板条组成的,在焊接过程中,它们由于各自受热情况不同,将根据温度分布情况伸长,同时在冷却时,各小板条又将收缩回原处,这样就不会有内应力出现。然而我们假设的小板条之间是互相联系的,互相牵制的,因此焊接时,温度高、伸长大的板条就受到温度低、伸长小的板条压缩(产生压缩塑性变形),而温度低、伸长小的板条却受到温度高、伸长大的板条位伸。因此,温度高的部分产生压应力,温度低的部分产生拉应力。

当焊件冷却时,由于焊缝及近缝区存在压缩塑性变形,因此该区域收缩量较大,其余部分逐次减少。根据平面假设原理,这部分压缩塑性变形区被拉伸,产生拉应力,焊件温度低的部分产生压应力。

（2）横向应力产生的原因

焊接结构横向应力产生原因比较复杂，主要包括以下几项。

①由纵向收缩变形引起的横向应力

如果焊缝位于焊件中心，则可以假设沿焊缝中心将焊件切开，这时切开的焊件便成了单边堆焊焊件，焊后焊缝边缘区发生纵向收缩，如图 3-12 所示。但实际上焊缝是将这假设的两块板连接在一起的，因此在焊缝中部产生了横向拉应力，焊缝的两端出现了横向压应力。

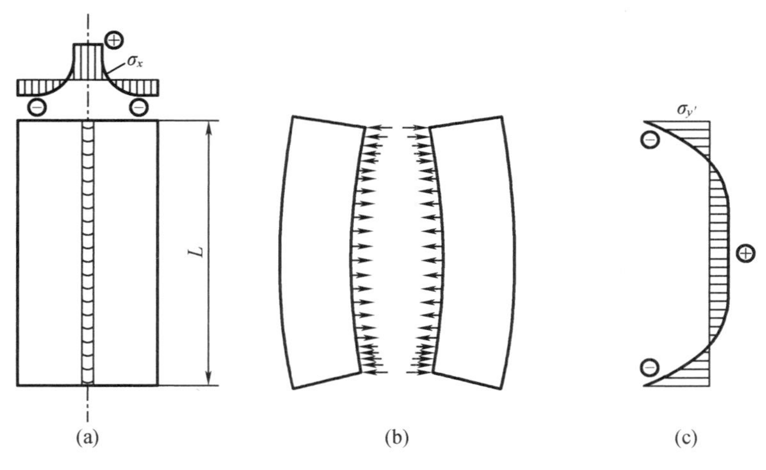

σ_x—焊缝端部横向压应力；σ_y—焊缝横向拉应力；L—试板长度。

图 3-12　焊后焊缝边缘区纵向收缩示意图

②焊缝冷却先后不同形成的横向应力

在生产实践中，同样焊接一条直缝，如果在焊接次序和方向上不同，会出现不同的横向焊接内应力。由于一条焊缝不是同时完成的，各部分有先焊后焊之分，先焊的部分先冷却，后焊的部分后冷却，先冷却的部分又限制后冷却的部分的横向收缩，这种限制与反限制就构成了横向应力。

上述两种原因产生的横向应力是同时存在的，最终的横向应力是它们二者的合成。

八、焊接应力与变形的影响因素

影响焊接应力与变形的因素很多，归纳起来主要有材料、结构和制造等几个方面的因素。

1. 材料因素的影响

材料对于焊接变形的影响不仅和焊接材料有关，而且和母材也有关系，材料的热物理性能参数和力学性能参数都对焊接变形的产生过程有重要的影响。其中热物理性能参数的影响主要体现在热传导系数上，一般热传导系数越小，温度梯度越大，焊接变形越显著。力学性能对焊接变形的影响比较复杂，热膨胀系数的影响最为明显，随着热膨胀系数的增加焊接变形相应增加。同时材料在高温区的屈服极限和弹性模量及其随温度的变化率也起着十分重要的作用，一般情况下，随着弹性模量的增大，焊接变形随之减小，而较高的屈服极限会引起较高的残余应力，焊接结构存储的变形能量也会因此而增大，从而可能促使脆性断裂；此外，由于塑性应变较小且塑性区范围不大，因此焊接变形得以减小。

2. 结构因素的影响

焊接结构的设计对焊接变形的影响最关键，也是最复杂的因素。其总体原则是随拘束度的增加，焊接残余应力增加，而焊接变形则相应减少。在焊接变形过程中，工件本身的拘束度是不断变化着的，因此自身为变拘束结构，同时还受到外加拘束的影响。一般情况下复杂结构自身的拘束作用在焊接过程中占据主导地位，而结构本身在焊接过程中的拘束度变化情况随结构复杂程度的增加而增加，在设计焊接结构时，常需要采用筋板或加强板来提高结构的稳定性和刚性，这样做不但增加了装配和焊接工作量，而且在某些区域，如筋板、加强板等，拘束度发生较大的变化，给焊接变形分析与控制带来了一定难度。因此，结构设计时针对结构板厚度及筋板的位置数量等进行优化，对减小焊接变形有着十分重要的作用。

3. 制造因素的影响

焊接制造对焊接变形的影响是多方面的，例如焊接方法、焊接输入电流电压量、构件的定位或固定方法、焊接顺序、焊接胎架及夹具的应用等。在各种工艺因素中，焊接顺序对焊接变形的影响较为显著，改变焊接顺序可以改变残余应力的分布及应力状态，减少焊接变形。多层焊以及焊接工艺参数也对焊接变形有十分重要的影响。在长期研究中，人们总结出了一些经验，利用特殊的工艺规范和措施来减少焊接残余应力和变形，改善残余应力分布状态。

焊接应力与变形是由多种因素交互作用而导致的。焊接时的局部不均匀热输入是产生焊接应力与变形的决定性因素，热输入是通过材料因素、制造因素和结构因素所构成的内拘束度和外拘束度而影响热源周围金属运动的，最终形成了焊接应力和变形，而外拘束度主要取决于制造因素和结构因素。

焊接应力与变形与不均匀温度场所引起的应力和变形的基本规律是一致的，但其过程更为复杂。主要表现为焊接时的温度变化更大，焊缝上的最高温度可达到材料的沸点，而离开焊接热源温度就急剧下降至室温。温度的这种情况会导致以下两方面的问题。

（1）高温下金属的性能发生显著变化，材料的这种变化必然会影响到整个焊接过程中的应力分布，从而使问题变得更加复杂。如低碳钢平板上沿中心线进行焊接，焊接过程中形成一个中心高两侧低的对称不均匀温度场。在热源附近取一横截面，截面上的温度分布如图 3-13 所示。

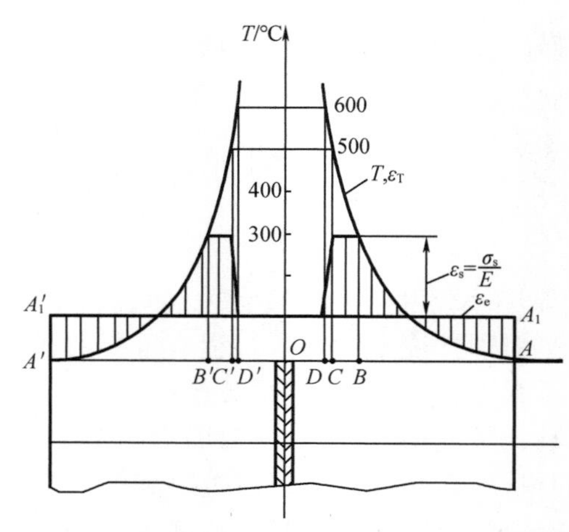

ε_T—温度辐射应变；ε_S—屈服极限应变；σ_S—屈服极限；E—材料的抗压弹性模量；

ε_e—热影响区辐射温度应变。

图 3-13 平板中心焊时的内应力分布

（2）焊接温度场是一个空间分布极不均匀的温度场，由于焊接时的加热并非沿着整个焊缝长度同时进行，因此焊缝上的各点的温度分布是不同的。

【任务实施】

一、工作准备

1. 设备与工具

坡口铣边机、电动车管机、刨床、角磨机、台虎钳、剪板机、焊条电弧焊焊机辅助工具、通针、扳手、点火枪、钢丝刷等设备，设备说明书。

安全护具：护目镜、安全帽、手套、工作服、口罩、护目镜等。

2. 加工材料

Q235 钢板/钢带。

3. 焊接材料

J402 焊条或者 J507 焊条等多种焊条。

二、工作程序

1. 分析加工要求

选择使用制备试样：剪板机、切割机。

2. 检查设备

检查设备是否正常运行，说明书及配件是否配备完好。

3. 制备试板

在教师的指导下，根据设备说明书，使用剪板机制备 T 型接头焊接试板。

4. 尺寸检查

检查试板尺寸是否符合后续工序使用要求。

5. T 型接头装配

点焊作业，装配 T 型接头。

6. 作业完毕整理

关闭设备，配件摆放到指定位置，工件按规定堆放，清扫场地，保持整洁。最后要确认设备断电，排除高温试件附近有可燃物等可能引起火灾、爆炸的隐患，方可离开。

【做一做】

一、判断题

1. 对接焊缝可组成多种焊接接头，如对接接头、T 型接头、角接接头、锁底接头。（　　）

2. 角焊缝可组成多种焊接接头，如角接接头、T 型接头、搭接接头、对接接头。（　　）

二、单选题

1. 不同厚度钢板对接焊时，对厚板削薄处理的目的，主要是避免接头处________。

A. 产生较大变形

B. 产生严重焊接缺陷

C. 造成较大应力集中

2. 焊重要工件使用碱性焊条时，应选 ________ 电源。

A. 动圈式弧焊变压器　　　　B. 同体式弧焊变压器

C. 弧焊整流器　　　　D. 串联电抗式弧焊变压器

【T 型平角焊结构设计工作单】

计划单

<table>
<tr><td>学习领域</td><td colspan="3">焊条电弧焊</td></tr>
<tr><td>学习情境 3</td><td>焊条电弧焊 T 型平位角焊</td><td>任务 1</td><td>T 型平角焊结构设计</td></tr>
<tr><td>工作方式</td><td>组内讨论、团结协作，共同制订计划，小组成员进行工作讨论，确定工作步骤</td><td>学时</td><td>1</td></tr>
<tr><td colspan="2">完成人</td><td colspan="2">1.　2.　3.　4.　5.　6.</td></tr>
<tr><td colspan="4">计划依据：1. 被检工件图纸；2. 教师分配的工作任务</td></tr>
<tr><td>序号</td><td colspan="2">计划步骤</td><td>具体工作内容描述</td></tr>
<tr><td></td><td colspan="2">准备工作
（准备设备、材料，谁去做？）</td><td></td></tr>
<tr><td></td><td colspan="2">组织分工
（加工工序分工，人员具体都完成什么工作？）</td><td></td></tr>
<tr><td></td><td colspan="2">设计接头尺寸
（都设计什么内容？）</td><td></td></tr>
<tr><td></td><td colspan="2">装配作业
（如何焊接？）</td><td></td></tr>
<tr><td></td><td colspan="2">装配外观核查
（谁去检查？核查什么内容？）</td><td></td></tr>
<tr><td></td><td colspan="2">整理资料
（谁负责？整理什么内容？）</td><td></td></tr>
<tr><td>制订计划说明</td><td colspan="3">写出制订计划中人员为完成任务提出的主要建议或可以借鉴的建议、需要解释的某一方面问题</td></tr>
<tr><td>计划评价</td><td colspan="3">评语：</td></tr>
<tr><td>班级</td><td></td><td>第　　组</td><td>组长签字</td><td></td></tr>
<tr><td>教师签字</td><td colspan="2"></td><td>日期</td><td></td></tr>
</table>

决策单

<table>
<tr><td>学习领域</td><td colspan="6">焊条电弧焊</td></tr>
<tr><td>学习情境 3</td><td colspan="3">焊条电弧焊 T 型平位角焊</td><td>任务 1</td><td colspan="2">T 型平角焊结构设计</td></tr>
<tr><td>决策目的</td><td colspan="3">本次人员分工如何安排？具体工作内容有哪些？</td><td>学时</td><td colspan="2">0.5</td></tr>
<tr><td colspan="4">方案讨论</td><td>组号</td><td colspan="2"></td></tr>
<tr><td rowspan="16">方案决策</td><td>组别</td><td>步骤
顺序性</td><td>步骤
合理性</td><td>实施可
操作性</td><td>选用工具
合理性</td><td>方案综合评价</td></tr>
<tr><td>1</td><td></td><td></td><td></td><td></td><td></td></tr>
<tr><td>2</td><td></td><td></td><td></td><td></td><td></td></tr>
<tr><td>3</td><td></td><td></td><td></td><td></td><td></td></tr>
<tr><td>4</td><td></td><td></td><td></td><td></td><td></td></tr>
<tr><td>5</td><td></td><td></td><td></td><td></td><td></td></tr>
<tr><td>1</td><td></td><td></td><td></td><td></td><td></td></tr>
<tr><td>2</td><td></td><td></td><td></td><td></td><td></td></tr>
<tr><td>3</td><td></td><td></td><td></td><td></td><td></td></tr>
<tr><td>4</td><td></td><td></td><td></td><td></td><td></td></tr>
<tr><td>5</td><td></td><td></td><td></td><td></td><td></td></tr>
<tr><td>1</td><td></td><td></td><td></td><td></td><td></td></tr>
<tr><td>2</td><td></td><td></td><td></td><td></td><td></td></tr>
<tr><td>3</td><td></td><td></td><td></td><td></td><td></td></tr>
<tr><td>4</td><td></td><td></td><td></td><td></td><td></td></tr>
<tr><td>5</td><td></td><td></td><td></td><td></td><td></td></tr>
<tr><td>方案评价</td><td colspan="6">评语：</td></tr>
<tr><td>班级</td><td></td><td>组长签字</td><td></td><td>教师签字</td><td></td><td>日期</td></tr>
</table>

工具单

场地准备	教学仪器(工具)准备	资料准备
一体化焊接生产车间	焊条电弧焊焊机若干、安全防护用品若干、剪板机、切割机	焊接设备的使用说明书； 工件加工工艺卡； 班级学生名单

作业单

学习领域	焊条电弧焊		
学习情境3	焊条电弧焊T型平位角焊	任务1	T型平角焊结构设计
参加焊条电弧焊 T型平位角焊人员	第　　组		学时
			1
作业方式	小组分析，个人解答，现场批阅，集体评判		

序号	工作内容记录 (T型平位角焊结构制备的实际工作)	分工 (负责人)

小结	主要描述完成的成果及是否达到目标	存在的问题

班级		组别		组长签字	
学号		姓名		教师签字	
教师评分		日期			

检查单

<table>
<tr><td>学习领域</td><td colspan="4">焊条电弧焊</td></tr>
<tr><td>学习情境 3</td><td colspan="2">焊条电弧焊 T 型平位角焊</td><td>学时</td><td>20</td></tr>
<tr><td>任务 1</td><td colspan="2">T 型平角焊结构设计</td><td>学时</td><td>10</td></tr>
<tr><td>序号</td><td>检查项目</td><td>检查标准</td><td>学生自查</td><td>教师检查</td></tr>
<tr><td>1</td><td>任务书阅读与分析能力,正确理解及描述目标要求</td><td>准确理解任务要求</td><td></td><td></td></tr>
<tr><td>2</td><td>与同组同学协商,确定人员分工</td><td>较强的团队协作能力</td><td></td><td></td></tr>
<tr><td>3</td><td>查阅资料能力,市场调研能力</td><td>较强的资料检索能力和市场调研能力</td><td></td><td></td></tr>
<tr><td>4</td><td>资料的阅读、分析和归纳能力</td><td>较强的资料分析、报告撰写能力</td><td></td><td></td></tr>
<tr><td>5</td><td>T 型平角焊结构制备</td><td>较强的工件制备设备操作能力</td><td></td><td></td></tr>
<tr><td>6</td><td>安全生产与环保</td><td>符合“5S”要求</td><td></td><td></td></tr>
<tr><td>7</td><td>事故的分析诊断能力</td><td>事故处理得当</td><td></td><td></td></tr>
<tr><td>检查评价</td><td colspan="4">评语:</td></tr>
</table>

<table>
<tr><td>班级</td><td></td><td>组别</td><td></td><td>组长签字</td><td></td></tr>
<tr><td>教师签字</td><td colspan="3"></td><td>日期</td><td></td></tr>
</table>

评价单

<table>
<tr><td>学习领域</td><td colspan="8">焊条电弧焊</td></tr>
<tr><td>学习情境 3</td><td colspan="2">焊条电弧焊 T 型平位角焊</td><td colspan="2">任务 1</td><td colspan="4">T 型平角焊结构设计</td></tr>
<tr><td colspan="3">评价学时</td><td colspan="6">课内 0.5 学时</td></tr>
<tr><td>班级</td><td colspan="2"></td><td colspan="6">第　　组</td></tr>
<tr><td>考核情境</td><td>考核内容及要求</td><td>分值</td><td>学生自评（10%）</td><td>小组评分（20%）</td><td>教师评分（70%）</td><td>实际得分</td></tr>
<tr><td rowspan="4">计划编制（20 分）</td><td>资源利用率</td><td>4</td><td rowspan="4"></td><td rowspan="4"></td><td rowspan="4"></td><td rowspan="4"></td></tr>
<tr><td>工作程序的完整性</td><td>6</td></tr>
<tr><td>步骤内容描述</td><td>8</td></tr>
<tr><td>计划的规范性</td><td>2</td></tr>
<tr><td rowspan="3">工作过程（40 分）</td><td>保持焊接设备及配件的完整性</td><td>10</td><td rowspan="3"></td><td rowspan="3"></td><td rowspan="3"></td><td rowspan="3"></td></tr>
<tr><td>焊接质量及安全作业的管理</td><td>5</td></tr>
<tr><td>质检分析的准确性</td><td>25</td></tr>
<tr><td rowspan="5">团队情感（25 分）</td><td>核心价值观</td><td>5</td><td rowspan="5"></td><td rowspan="5"></td><td rowspan="5"></td><td rowspan="5"></td></tr>
<tr><td>创新性</td><td>5</td></tr>
<tr><td>参与率</td><td>5</td></tr>
<tr><td>合作性</td><td>5</td></tr>
<tr><td>劳动态度</td><td>5</td></tr>
<tr><td rowspan="2">安全文明（10 分）</td><td>工作过程中的安全保障情况</td><td>5</td><td rowspan="2"></td><td rowspan="2"></td><td rowspan="2"></td><td rowspan="2"></td></tr>
<tr><td>工具正确使用和保养、放置规范</td><td>5</td></tr>
<tr><td>工作效率（5 分）</td><td>能够在要求的时间内完成，每超时 5 min 扣 1 分</td><td>5</td><td></td><td></td><td></td><td></td></tr>
<tr><td colspan="2">总分</td><td>100</td><td></td><td></td><td></td><td></td></tr>
</table>

小组成员评价单

<table>
<tr><td>学习领域</td><td colspan="5">焊条电弧焊</td></tr>
<tr><td>学习情境 3</td><td colspan="2">焊条电弧焊 T 型平位角焊</td><td>任务 1</td><td colspan="2">T 型平角焊结构设计</td></tr>
<tr><td>班级</td><td></td><td colspan="2">第　　组</td><td>成员姓名</td><td></td></tr>
<tr><td colspan="2">评分说明</td><td colspan="4">每个小组成员评价分为自评和小组其他成员评价两部分，取平均值，作为该小组成员的任务评价个人分数。评价项目共设计 5 个，依据评分标准给予合理量化打分。小组成员自评后，要找小组其他成员以不记名方式打分</td></tr>
</table>

表(续1)

对象	评分项目	评分标准	评分
自评(100分)	核心价值观(20分)	是否有违背社会主义核心价值观的思想及行动	
	工作态度(20分)	是否按时完成负责的工作内容、遵守纪律,是否积极主动参与小组工作,是否全过程参与,是否吃苦耐劳,是否具有工匠精神	
	交流沟通(20分)	是否能良好地表达自己的观点,是否能倾听他人的观点	
	团队合作(20分)	是否与小组成员合作完成任务,做到相互协作、互相帮助、听从指挥	
	创新意识(20分)	看问题是否能独立思考,提出独到见解,是否能够利用创新思维解决遇到的问题	
成员1(100分)	核心价值观(20分)	是否有违背社会主义核心价值观的思想及行动	
	工作态度(20分)	是否按时完成负责的工作内容、遵守纪律,是否积极主动参与小组工作,是否全过程参与,是否吃苦耐劳,是否具有工匠精神	
	交流沟通(20分)	是否能良好地表达自己的观点,是否能倾听他人的观点	
	团队合作(20分)	是否与小组成员合作完成任务,做到相互协作、互相帮助、听从指挥	
	创新意识(20分)	看问题是否能独立思考,提出独到见解,是否能够利用创新思维解决遇到的问题	
成员2(100分)	核心价值观(20分)	是否有违背社会主义核心价值观的思想及行动	
	工作态度(20分)	是否按时完成负责的工作内容、遵守纪律,是否积极主动参与小组工作,是否全过程参与,是否吃苦耐劳,是否具有工匠精神	
	交流沟通(20分)	是否能良好地表达自己的观点,是否能倾听他人的观点	
	团队合作(20分)	是否与小组成员合作完成任务,做到相互协作、互相帮助、听从指挥	
	创新意识(20分)	看问题是否能独立思考,提出独到见解,是否能够利用创新思维解决遇到的问题	
成员3(100分)	核心价值观(20分)	是否有违背社会主义核心价值观的思想及行动	
	工作态度(20分)	是否按时完成负责的工作内容、遵守纪律,是否积极主动参与小组工作,是否全过程参与,是否吃苦耐劳,是否具有工匠精神	

表(续2)

对象	评分项目	评分标准	评分
成员3 (100分)	交流沟通(20分)	是否能良好地表达自己的观点,是否能倾听他人的观点	
	团队合作(20分)	是否与小组成员合作完成任务,做到相互协作、互相帮助、听从指挥	
	创新意识(20分)	看问题是否能独立思考,提出独到见解,是否能够利用创新思维解决遇到的问题	
成员4 (100分)	核心价值观(20分)	是否有违背社会主义核心价值观的思想及行动	
	工作态度(20分)	是否按时完成负责的工作内容、遵守纪律,是否积极主动参与小组工作,是否全过程参与,是否吃苦耐劳,是否具有工匠精神	
	交流沟通(20分)	是否能良好地表达自己的观点,是否能倾听他人的观点	
	团队合作(20分)	是否与小组成员合作完成任务,做到相互协作、互相帮助、听从指挥	
	创新意识(20分)	看问题是否能独立思考,提出独到见解,是否能够利用创新思维解决遇到的问题	
成员5 (100分)	核心价值观(20分)	是否有违背社会主义核心价值观的思想及行动	
	工作态度(20分)	是否按时完成负责的工作内容、遵守纪律,是否积极主动参与小组工作,是否全过程参与,是否吃苦耐劳,是否具有工匠精神	
	交流沟通(20分)	是否能良好地表达自己的观点,是否能倾听他人的观点	
	团队合作(20分)	是否与小组成员合作完成任务,做到相互协作、互相帮助、听从指挥	
	创新意识(20分)	看问题是否能独立思考,提出独到见解,是否能够利用创新思维解决遇到的问题	
最终小组成员得分			

课后反思

<table>
<tr><td>学习领域</td><td colspan="4">焊条电弧焊</td></tr>
<tr><td>学习情境 3</td><td>焊条电弧焊 T 型平位角焊</td><td>任务 1</td><td colspan="2">T 型平角焊结构设计</td></tr>
<tr><td>班级</td><td></td><td>第　　组</td><td>成员姓名</td><td></td></tr>
<tr><td>情感反思</td><td colspan="4">通过对本任务的学习和实训,你认为自己在社会主义核心价值观、职业素养、学习和工作态度等方面有哪些需要提高的部分?</td></tr>
<tr><td>知识反思</td><td colspan="4">通过对本任务的学习,你掌握了哪些知识点?请画出思维导图。</td></tr>
<tr><td>技能反思</td><td colspan="4">在完成本任务的学习和实训过程中,你主要掌握了哪些技能?</td></tr>
<tr><td>方法反思</td><td colspan="4">在完成本任务的学习和实训过程中,你主要掌握了哪些分析和解决问题的方法?</td></tr>
</table>

任务 2　T 型接头平位角焊接

【任务工单】

<table>
<tr><td>学习领域</td><td colspan="6">焊条电弧焊</td></tr>
<tr><td>学习情境 3</td><td colspan="2">焊条电弧焊 T 型平位角焊</td><td colspan="2">任务 2</td><td colspan="2">T 型接头平位角焊接</td></tr>
<tr><td colspan="3">任务学时</td><td colspan="4">10</td></tr>
<tr><td colspan="7">布置任务</td></tr>
<tr><td>工作目标</td><td colspan="6">1. 掌握 T 型接头平位角焊接的相关理论知识；
2. 能自己加工 T 型接头试件，焊接装配；
3. 能根据焊接作业要求，正确安装焊接设备；
4. 能自行调整打底焊、填充焊、盖面焊的焊接参数；
5. 能根据焊接安全、清洁和环境要求，严格按照焊接工艺完成作业</td></tr>
<tr><td>任务描述</td><td colspan="6">学生根据企业生产的相应要求，完成 T 型接头的焊接作业</td></tr>
<tr><td>学时安排</td><td>资讯
4 学时</td><td>计划
1 学时</td><td>决策
1 学时</td><td>实施
3 学时</td><td>检查
0. 5 学时</td><td>评价
0. 5 学时</td></tr>
<tr><td>提供资料</td><td colspan="6">1.《国际焊接工程师培训教程》(2013 版)　哈尔滨焊接技术培训中心；
2.《国际焊接技师培训教程》(2013 版)　哈尔滨焊接技术培训中心；
3.《焊条电弧焊》　人力资源和社会保障部教材办公室主编，中国劳动社会保障出版社，2009 年 5 月；
4.《焊条电弧焊》　侯勇主编，机械工业出版社，2018 年 5 月；
5. 利用网络资源进行咨询</td></tr>
<tr><td>对学生的要求</td><td colspan="6">1. 掌握一定的焊接专业基础知识(焊接方法、工艺、生产流程)，经历了专业实习，对焊接企业的产品及行业领域有一定的了解；
2. 具有独立思考、善于发现问题的良好习惯，能对任务书进行分析，能正确理解和描述目标要求；
3. 具有查询资料和市场调研能力，具备严谨求实和开拓创新的学习态度</td></tr>
</table>

资讯单

<table>
<tr><td>学习领域</td><td colspan="4">焊条电弧焊</td></tr>
<tr><td>学习情境 3</td><td colspan="2">焊条电弧焊 T 型平位角焊</td><td>任务 2</td><td>T 型接头平位角焊接</td></tr>
<tr><td colspan="3">资讯学时</td><td colspan="2">4</td></tr>
<tr><td>资讯方式</td><td colspan="4">在图书馆查询相关杂志、图书,利用互联网查询相关资料,咨询任课教师</td></tr>
<tr><td rowspan="20">资讯内容</td><td rowspan="14">知识点</td><td rowspan="8">T 型平角焊步骤和方法</td><td colspan="2">问题:请看一看该校的焊条电弧焊焊机是哪种类型?它现在是否能安全运行?</td></tr>
<tr><td colspan="2">问题:请查一查试件是什么材料制成的?你选用的是什么型号的焊条?</td></tr>
<tr><td colspan="2">问题:制备 T 型接头试板时都采用了哪些设备?你会使用这些设备吗?</td></tr>
<tr><td colspan="2">问题:你能记录一下焊接试板的尺寸吗?</td></tr>
<tr><td colspan="2">问题:不同尺寸的 T 型接头试板,在焊接时使用的焊接参数是否一样?请在焊接时记录下来</td></tr>
<tr><td colspan="2">问题:焊接装配时,简单点固焊就能完成装配,为什么要求点固焊尺寸为 10~15 mm 呢?</td></tr>
<tr><td colspan="2">问题:你在进行 T 型接头焊接时,出现了哪些缺陷?</td></tr>
<tr><td colspan="2">问题:你是如何解决咬边问题的?</td></tr>
<tr><td rowspan="6">T 型接头平位角焊接板质量自检</td><td colspan="2">问题:焊接时,你使用了哪些装备保护自己?</td></tr>
<tr><td colspan="2">问题:在焊接时打底、填充、盖面 3 个位置时,分别选用了怎样的参数?3 套参数一样吗?</td></tr>
<tr><td colspan="2">问题:焊接时是否遇到了磁偏吹的问题?你是如何解决的?</td></tr>
<tr><td colspan="2">问题:焊接填充焊时发现焊道已填满,没有为盖面焊预留 1~1.5 mm 的深度尺寸,该如何补救?</td></tr>
<tr><td colspan="2">问题:如何测量咬边?</td></tr>
<tr><td colspan="2">问题:如何测量 T 型接头焊缝余高?</td></tr>
<tr><td rowspan="2">技能点</td><td colspan="3">完成焊条电弧焊 T 型接头任务</td></tr>
<tr><td colspan="3">完成焊条电弧焊 T 型接头的打底、填充、盖面的焊工作任务</td></tr>
<tr><td rowspan="3">思政点</td><td colspan="3">培养学生的爱国情怀和民族自豪感,做到爱国敬业、诚信友善</td></tr>
<tr><td colspan="3">培养学生树立质量意识、安全意识,认识到我们每一个人都是工程建设质量的守护者</td></tr>
<tr><td colspan="3">培养学生具有社会责任感和社会参与意识</td></tr>
<tr><td>学生需要单独资询的问题</td><td colspan="3"></td></tr>
</table>

【课前自学】

知识点 1:T 型接头平角焊步骤和方法

一、焊接技术要求

T 型接头平角焊如图 3-14 所示。

1. 材料

规范尺寸的 Q235B 钢板。

2. 焊接要求

$K=10\pm1$,焊缝截面为等腰直角三角形,I 型坡口,间隙 0~1 mm。

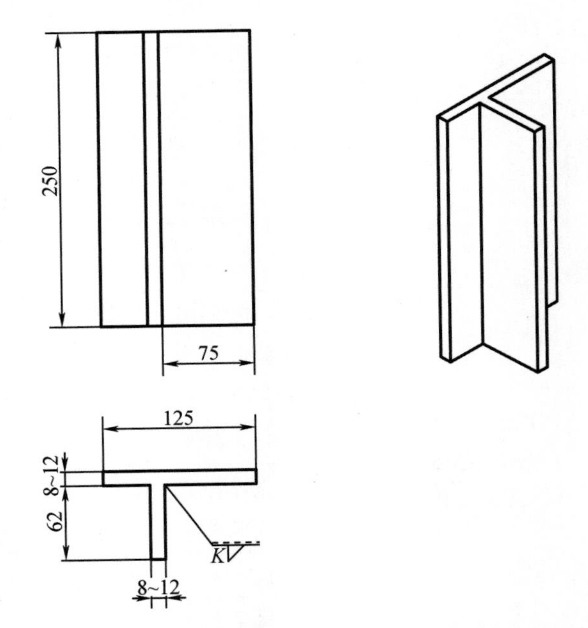

技术要求:1. 试件材料 Q235B;2. I 型坡口;3. 间隙 0~1 mm。

图 3-14 T 型接头平角焊示意图(单位:mm)

3. 技术解析

(1)焊接结构中,经常见到 T 型接头、搭接接头、角接头等接头形成的角焊缝,不要求焊透,操作难度主要为外观成型、焊脚尺寸对称、外观平整。

(2)焊脚尺寸决定焊接层数,焊脚尺寸在 5 mm 以下时,多采用单层焊;焊脚尺寸大于 8 mm 时,采用多层多道焊。

(3)多层多道焊时,可通过调整左右两面角焊缝各层(道)焊接顺序,来防止 T 型接头角变形。本任务中,分为打底层、盖面层两层。

(4)对于多层多道焊,在盖面层最后一道焊接时(焊第 4、第 6 道焊缝时),为了防止咬边和沟槽,电流应比盖面层第一道(第 3、第 5 道焊缝)小。

二、焊接准备

1. 焊条电弧焊焊机及辅助工具

(1)设备选择与检查

①本任务可采用直流下降特性焊条电弧焊焊机，选用碱性或者酸性焊条施焊，焊接电缆回路。

②检查设备状态，电缆线接头是否接触良好，焊钳电缆是否松动破损，焊接回路地线连接是否可靠，避免因地线虚接、线路降压变化而影响电弧电压稳定；避免因接触不良造成电阻增大而发热，烧毁焊接设备；检查安全接地线是否断开，避免因设备漏电带来人身安全隐患。

(2)辅助工具

在焊工操作作业区应准备好錾子、敲渣锤、锤子、锉刀、钢丝刷、钢直尺、角向磨光机、焊接检验尺等辅助工具和量具。

2. 焊接参数的选择

T 型接头平位角焊接参数如表 3-5 所示。

表 3-5　T 型接头平位角焊接参数

焊条型号	焊接层次	焊条直径/mm	焊接电流/A	电源极性
E5015(经 350～400 ℃烘干，保温 1～2 h，随取随用)	打底(第 1、第 2 道)	3.2	110～130	直流反接
	盖面(第 3～第 6 道)	3.2	100～120	
		4.0	160～180	

3. 备料

准备厚度为 12 mm 的 Q235B 钢板，下料尺寸为 250 mm×121 mm(腹板和翼板各 1 块)。用半自动火焰切割机或数控火焰切割机进行下料，确保坡口表面平直度，清理去除氧化渣。

4. 装配

(1)按照图样对试件尺寸进行检查。

(2)对腹板一侧待焊区 20 mm 内区域、翼板中心线待焊区 60 mm 内区域进行打磨，确保无水、油、锈等杂质，露出金属光泽。

(3)将打磨好的翼板水平放置在操作台上，在翼板上画出腹板装配定位线，用直角尺将腹板与翼板按装配定位线装配成 T 型，不留间隙。采用正式焊接所用焊条进行定位焊，定位焊位置在焊件两端前后对称处，4 条定位焊缝长度为 10～15 mm。定位焊完成后，用直角尺检查，确保腹板与翼板的垂直度。

三、焊接作业

1. 打底层

打底焊操作时，采用直线运条法、短弧焊，速度要均匀。焊接时，保持焊条角度与水平焊件成 45°，与焊接方向夹角成 65°～80°，如图 3-15 所示。注意熔渣和铁液的熔敷效果，收尾时要特别注意填满弧坑。一般选用小直径(3.2 mm)焊条，电流较平焊稍大，以达到一定的熔深。

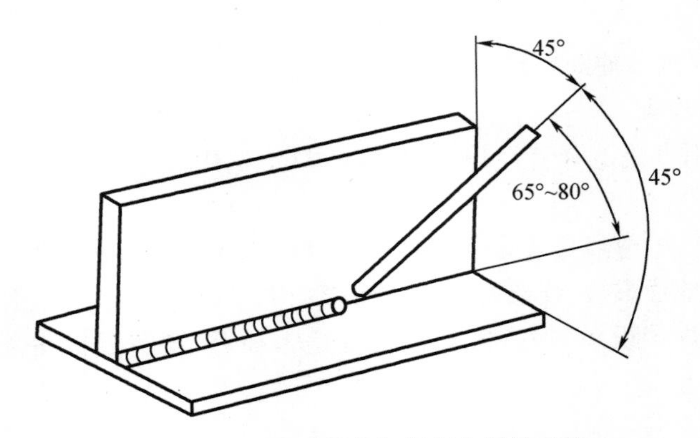

图 3-15　打底层焊条与焊缝之间的角度

2. 盖面层

盖面层施焊前，先将打底层焊渣清理干净。盖面焊缝根据焊脚尺寸可分为单道焊缝盖面(图 3-16(a))或双道焊缝盖面(图 3-16(b))。

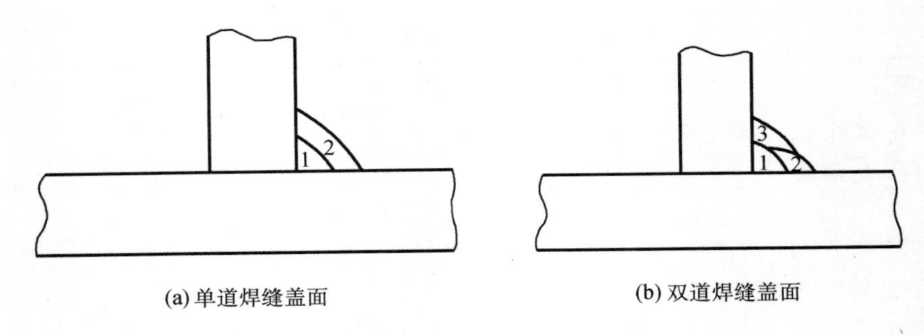

图 3-16　焊缝盖面示意图

(1)单道焊缝盖面

单道焊缝盖面适用于焊脚尺寸为 5~8 mm 时的焊接。在施焊前，必须将第一层焊道焊渣清理干净。如果发现夹渣，为保证层与层之间的紧密结合，可用小直径焊条修补后再焊盖面层。当发现第一层焊道有咬边时，可在盖面时、咬边处多做停留，以消除咬边缺陷。焊条角度同打底层，运条方式可采用斜圆圈或锯齿形运条法。

(2)双道焊缝盖面

①双道焊缝盖面时，先焊第 2 道焊道，然后再焊第 3 道焊道。双道焊缝盖面适用于焊脚尺寸大于 8 mm 时的焊接，由于焊脚尺寸表面较宽、坡口较大，熔化金属容易下淌，给操作带来一定困难，故多采用多层多道焊来焊接。盖面层焊接焊条角度如图 3-17 所示。

②在施焊前，必须先将第 1 层即第 1 道焊缝焊渣清理干净，再焊第 2 道焊缝，之后焊第 3 道焊缝。第 2 道焊缝焊接时，采用直线运条法，以第 1 道焊缝下边缘熔合线为中心运条，保持焊条角度与水平焊件成 45°~50°，与焊接方向夹角为 65°~80°，运条速度要均匀，比打底层焊接时的速度稍快。第 2 道焊缝要覆盖第 1 道焊缝的 1/2~2/3，并确保焊缝与底板之间熔合良好、边缘整齐。第 3 道焊缝焊接操作方法同第 2 道焊缝，焊条横向角度为 65°~80°，焊条的纵向角度为 40°~45°。施焊时，覆盖第 2 道焊缝的 1/3~1/2，覆盖到第 2 道焊缝

最高点,以第2道焊缝上边缘熔合线为中心运条,焊接速度均匀、不能太慢,否则易产生咬边或焊瘤,造成焊缝成型不美观。整个焊接过程要采用短弧焊操作,避免电弧过长而造成气孔、夹渣等缺陷。同时应该始终保持熔池为椭圆形的状态,可以通过改变焊条角度和速度来调整熔池的形状。

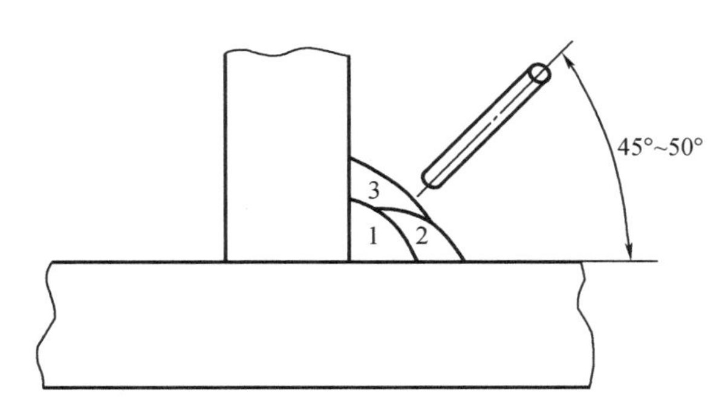

图 3-17　盖面层焊接焊条角度

3. 试件及现场清理

将焊好的试件用敲渣锤除去药皮渣壳,再用钢丝刷反复拉刷焊道,除去焊缝表面及附近的细小飞溅和灰尘。注意不得破坏试件原始表面,不得用水冷却。操作结束后,整理工具设备,关闭电源,上交剩余焊条,清理场地,将电缆线盘好,做到安全文明生产,并填写交班记录。

知识点2:T型接头平角焊接板质量自检

一、外观缺陷

外观缺陷是指在焊接过程中焊接接头表面形成的缺陷,能从外观观察到,或者用简单的测量工具可以测量的表面缺陷。外观缺陷包括气孔、夹渣、未焊透、未熔合、裂纹、凹坑、咬边、焊瘤、尺寸不良等,这些缺陷中的气孔、夹渣属体积型缺陷;未焊透、未熔合、裂纹属线性缺陷,也可称为面型缺陷;凹坑、咬边、焊瘤及表面裂纹属表面缺陷。

1. 气孔

气孔是指焊接时,熔池中的气体未在金属凝固前逸出,残存于焊缝之中所形成的空穴。其气体可能是熔池从外界吸收的,也可能是焊接冶金过程中反应生成的。表面气孔指的是在表面能观察到的气孔。

(1)产生气孔的主要原因

母材或填充金属表面有锈、油污等,焊条及焊剂未烘干会增加气孔量,因为锈、油污及焊条药皮、焊剂中的水分在高温下分解为气体,增加了高温金属中气体的含量。焊接线能量过小,熔池冷却速度大,不利于气体逸出。焊缝金属脱氧不足也会增加氧气孔。

(2)气孔的危害

气孔减少了焊缝的有效截面积,使焊缝疏松,从而降低了接头的强度和塑性,还会引起泄漏。气孔也是引起应力集中的因素。氢气孔还可能促成冷裂纹。

(3)防止气孔的措施

①清除焊丝、工作坡口及其附近表面的油污、铁锈、水分和杂物;

②采用碱性焊条、焊剂,并彻底烘干;

③采用直流反接并用短电弧施焊;

④焊前预热,减缓冷却速度;

⑤用偏强的规范施焊。

2. 夹渣

夹渣是指焊后熔渣残存在焊缝中的现象。表面夹渣是指在焊道表面能观察到熔渣残存。

夹渣主要有金属夹渣和非金属夹渣。金属夹渣指钨、铜等金属颗粒残留在焊缝之中,习惯上称为夹钨、夹铜。非金属夹渣指未熔的焊条药皮或焊剂、硫化物、氧化物、氮化物残留于焊缝之中。

(1)夹渣产生的原因

①坡口尺寸不合理;

②坡口有污物;

③多层焊时,层间清渣不彻底;

④焊接线能量小;

⑤焊缝散热太快,液态金属凝固过快;

⑥焊条药皮、焊剂化学成分不合理,熔点过高;

⑦钨极惰性气体保护焊时,电源极性不当,电流密度大,钨极熔化脱落于熔池中;

⑧手工焊时,焊条摆动不良,不利于熔渣上浮。

可根据以上原因分别采取对应措施防止夹渣的产生。

(2)夹渣的危害

点状夹渣的危害与气孔相似,带有尖角的夹渣会产生尖端应力集中,尖端还会发展为裂纹源,危害较大。

3. 咬边

咬边是指沿着焊趾,在母材部分形成的凹陷或沟槽,它是由于电弧将焊缝边缘的母材熔化后没有得到熔敷金属的充分补充所留下的缺口。

(1)产生咬边的主要原因

电弧热量太高,即电流太大,运条的速度太小都会造成咬边;焊条与工件间角度不正确,摆动不合理,电弧过长,焊接次序不合理等也会造成咬边;直流焊时电弧的磁偏吹也是产生咬边的一个原因;某些焊接位置(立、横、仰)会加剧咬边。

(2)咬边的危害

咬边减小了母材的有效截面积,降低了结构的承载能力,同时还会造成应力集中,发展为裂纹源。

(3)防止咬边的措施

①矫正操作姿势;

②选用合理的规范;

③采用良好的运条方式;

④焊角焊缝时,用交流焊代替直流焊。

4. 焊瘤

焊缝中的液态金属流到加热不足未熔化的母材上或从焊缝根部溢出，冷却后形成的未与母材熔合的金属瘤即为焊瘤。

(1)焊瘤产生的原因

焊接规范过强、焊条熔化过快、焊条质量欠佳(如偏芯)，焊接电源特性不稳定及操作姿势不当等都容易形成焊瘤。在横、立、仰位置更易形成焊瘤。

(2)焊瘤的危害

焊瘤常伴有未熔合、夹渣缺陷，易导致裂纹。同时，焊瘤改变了焊缝的实际尺寸，会带来应力集中。管子内部的焊瘤减小了管子的内径，可能造成流动物堵塞。

(3)防止焊瘤的措施

使焊缝处于平焊位置，正确选用规范，选用无偏芯焊条，合理操作，都可以避免焊瘤产生。

5. 凹坑

凹坑指焊缝表面或背面局部低于母材的部分。凹坑多是由于收弧时焊条(焊丝)未做短时间停留造成的(此时的凹坑称为弧坑)，仰立、横焊时，常在焊缝背面根部产生内凹。

(1)凹坑的危害

凹坑减小了焊缝的有效截面积，弧坑常带有弧坑裂纹和弧坑缩孔。

(2)防止凹坑的措施

选用有电流衰减系统的焊机，尽量选用平焊位置，选用合适的焊接规范，收弧时让焊条在熔池内短时间停留或环形摆动来填满弧坑，都可以避免凹坑产生。

6. 未焊满

未焊满是指焊缝表面出现连续的或断续的沟槽。填充金属不足是产生未焊满的根本原因。规范太弱、焊条过细、运条不当等因素会导致未焊满。未焊满同样削弱了焊缝，容易产生应力集中，同时由于规范太弱使冷却速度增大，容易带来气孔、裂纹等。防止未焊满的措施有加大焊接电流，加焊盖面焊缝。

7. 烧穿

烧穿是指焊接过程中，熔深超过工件厚度，熔化金属自焊缝背面流出，形成穿孔性缺陷。焊接电流过大、速度太慢、电弧在焊缝处停留过久，都会产生烧穿缺陷。工件间隙太大、钝边太小也容易出现烧穿现象。烧穿是锅炉压力容器产品上不允许存在的缺陷，它完全破坏了焊缝，使接头丧失其连接及承载能力。选用较小电流并配合合适的焊接速度，减小装配间隙，在焊缝背面加设垫板或药垫，使用脉冲焊，能有效地防止烧穿。

8. 其他表面缺陷

(1)成型不良，指焊缝的外观几何尺寸不符合要求，有焊缝超高、表面不光滑，以及焊缝过宽、焊缝向母材过渡不圆滑等，是经常需要借助焊接检测尺检测的缺陷。

(2)错边，指两个工件在厚度方向上错开一定位置，它既可视作焊缝表面缺陷，又可视作装配成型缺陷。

(3)塌陷，单面焊时由于输入热量过大，熔化金属过多而使液态金属向焊缝背面塌落，成型后焊缝背面凸起，正面下塌。

(4)表面气孔及弧坑缩孔。

(5)各种焊接变形(如角变形、扭曲、波浪变形等)都属于焊接缺陷,角变形也属于装配成型缺陷。

针对外观缺陷,焊工可在焊接过程中不破坏焊件的前提下,通过观察自检,发现缺陷。针对此类缺陷问题,焊工应不断地调整自己的焊接作业工艺、姿势,甚至材料等,最终实现焊接质量的提高。

二、自检

在焊接过程中,焊工为保证生产质量,应随时观察监测焊接质量,检测项目包括:起焊处质量、运条方法、连接无脱节、凸起收尾要填满、弧坑高度、高度差宽度、宽度差焊道直线度、平敷面平整、焊波均匀、焊后尺寸、缺陷、安全文明、焊件清理等内容。

焊缝焊完后,部分缺陷可以用眼睛观察到,部分缺陷需要用工具来检测尺寸信息,检测的项目包括:焊缝高度、焊脚高度、焊脚差、焊缝宽度、咬边深度、垂直度、焊缝凹凸度等内容。

焊接检测尺是目前对焊缝外形尺寸进行检测的主要量具,主要由主尺、高度尺、咬边深度尺和多用尺四部分组成,如图 3-18 所示,主要检测焊接构件的各种角度和焊缝余高、焊缝宽度,以及角焊缝的有效厚度、焊角尺寸、焊脚对称度等,如图 3-19 至图 3-25 所示。

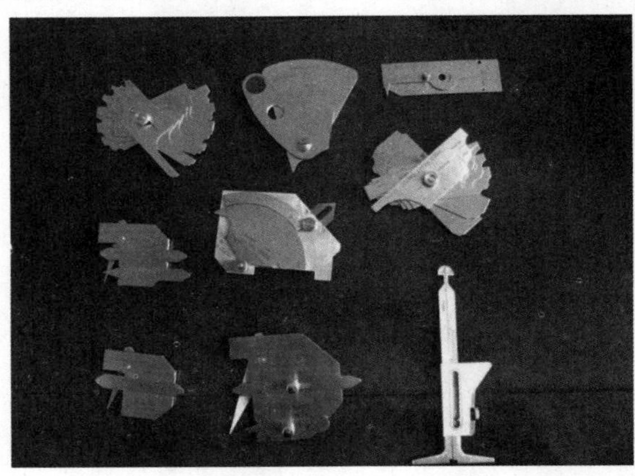

图 3-18 一组焊接检测尺

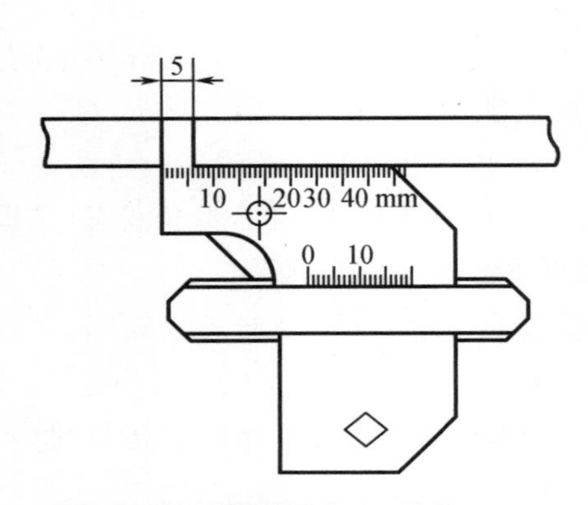

图 3-19 测量焊缝宽度(单位:mm)

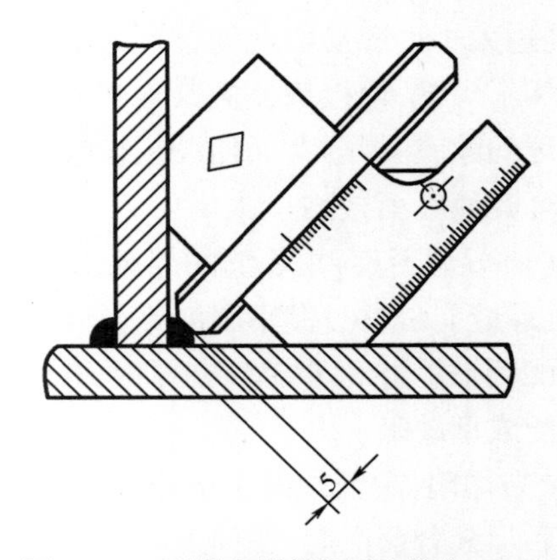

图 3-20 测量角焊缝厚度(单位:mm)

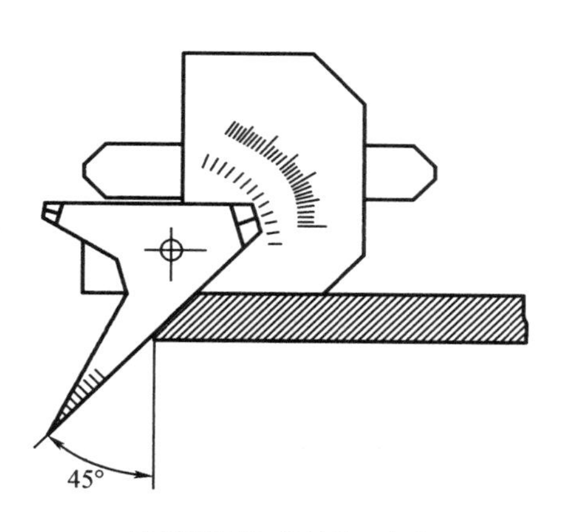

(a) 测量型钢、板材坡口角度

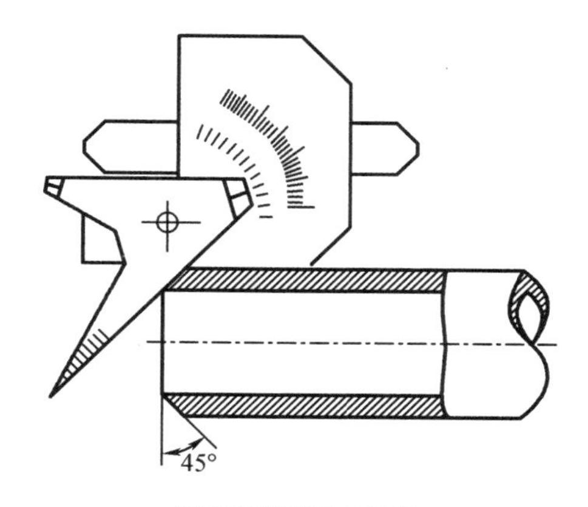

(b) 测量管道坡口角度

图 3-21　测量坡口角度

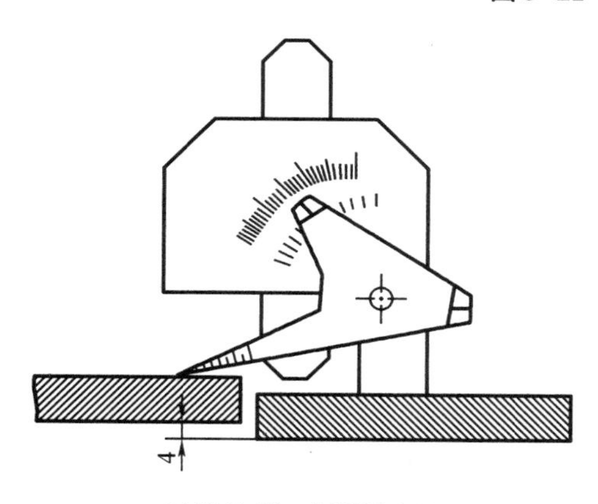

(a) 测量型钢、板材错边量

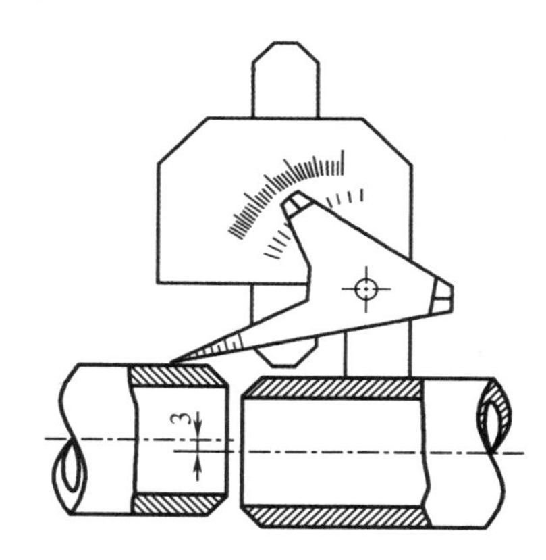

(b) 测量管道错边量

图 3-22　测量错边量(单位:mm)

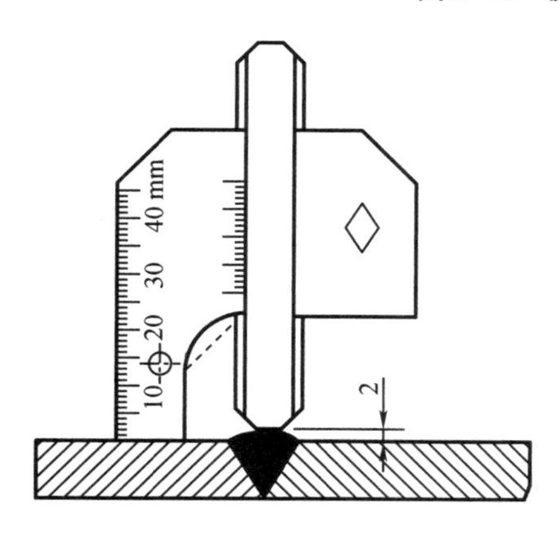

(a) 测量型钢、板材焊缝余高

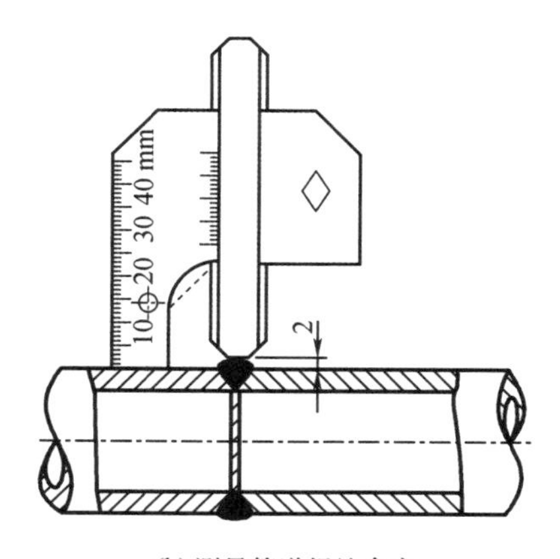

(b) 测量管道焊缝余高

图 3-23　测量焊缝余高(单位:mm)

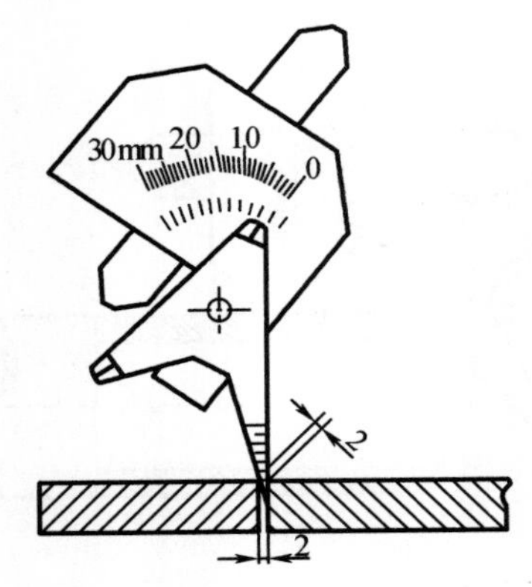

(a) 测量型钢、板材对接位置间隙

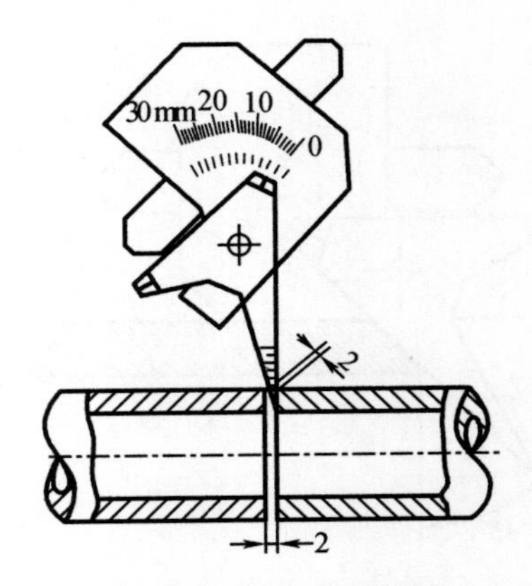

(b) 测量管道对接位置间隙

图 3-24　测量对接位置间隙(单位:mm)

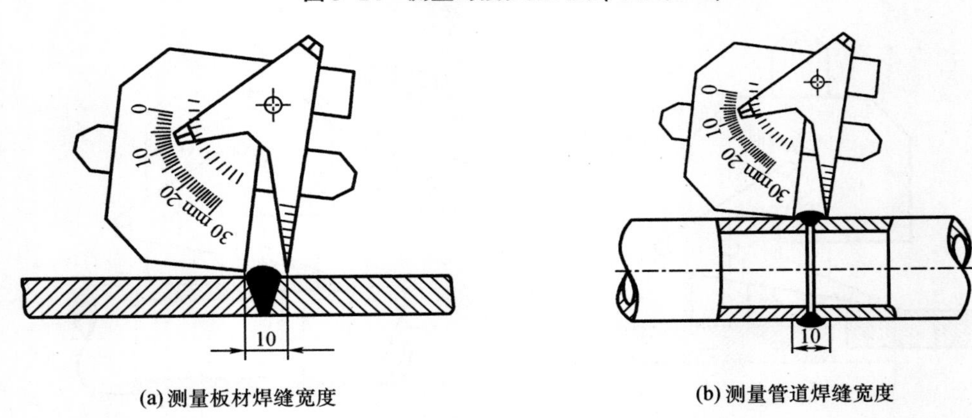

(a) 测量板材焊缝宽度　　(b) 测量管道焊缝宽度

图 3-25　测量焊缝宽度(单位:mm)

【任务实施】

一、工作准备

1. 设备与工具

焊条电弧焊焊机、电弧焊焊枪、焊条电弧焊焊机说明书、安全护具(护目镜、电焊帽、口罩、焊接手套、焊接工作服)、辅助工具(通针、扳手、点火枪、钢丝刷、钢丝钳等)、焊缝检验尺。

2. 相关材料

J402 焊条或者 J507 焊条等多种焊条,Q235B 钢板。

二、工作程序

1. 设备检查

检查设备主机工作状态是否良好,设备配件、说明书是否齐全,作业环境是否安全合理,焊条是否可用。

2. 试焊

试焊使用酸性或碱性焊条，焊接过程中，随时观察焊接质量，观察焊接姿势、焊枪角度对焊接成型质量有何影响。观察焊接时焊条与母材熔化融合的情况。在合理的焊接参数范围内，选择几套焊接参数试焊，观察哪一组参数焊接时熔滴受力情况，以及焊缝成型效果最好，并记录下来。

3. 作业完毕整理

关闭焊机设备，配件摆放在指定位置，工件按规定堆放，清扫场地，保持整洁。最后要确认设备断电、高温试件附近无可燃物等可能引起火灾、爆炸的隐患后，方可离开。

4. 焊后小组互检

小组互检，观察焊后试件，使用焊缝检验尺精确测量焊缝缺陷。记录焊后缺陷。根据焊接质量反馈，分析并记录焊接手法和焊接工艺问题。

【做一做】

一、判断题

1. 只有单面角焊缝的 T 型接头的承载能力较低。　　（　　）
2. 装配 T 型接头时应在腹板与翼板之间预留间隙，以增加熔深。　　（　　）
3. 一板件与另一板件相交构成直角或近似直角的接头叫作 T 型接头。　　（　　）

二、单选题

1. 焊件采用________坡口焊后的变形和应力较小。

A. T 型　　B. Y 型　　C. X 型　　D. U 型

2. 领出的焊条使用时间超过 4 h，应退回重新烘烤，但重复烘烤次数不得超过________次。

A. 1　　B. 2　　C. 3

三、实作训练

根据制定的焊接参数，进行钢板平角焊缝焊接实作，并进行自检、互检。

【T 型接头平位角焊接工作单】

计划单

<table>
<tr><td>学习领域</td><td colspan="9">焊条电弧焊</td></tr>
<tr><td>学习情境 3</td><td>焊条电弧焊 T 型平位角焊</td><td colspan="3">任务 2</td><td colspan="5">T 型接头平位角焊接</td></tr>
<tr><td>工作方式</td><td>组内讨论、团结协作，共同制订计划，小组成员进行工作讨论，确定工作步骤</td><td colspan="3">学时</td><td colspan="5">1</td></tr>
<tr><td colspan="2">完成人</td><td>1.</td><td>2.</td><td>3.</td><td>4.</td><td colspan="2">5.</td><td colspan="2">6.</td></tr>
<tr><td colspan="10">计划依据：1. 被检工件图纸；2. 教师分配的工作任务</td></tr>
<tr><td>序号</td><td colspan="4">计划步骤</td><td colspan="5">具体工作内容描述</td></tr>
<tr><td></td><td colspan="4">准备工作
（准备设备、工件、配件，谁去做？）</td><td colspan="5"></td></tr>
<tr><td></td><td colspan="4">组织分工
（人员具体都完成什么工作？）</td><td colspan="5"></td></tr>
<tr><td></td><td colspan="4">焊接作业
（都焊接什么内容？采用什么工艺？）</td><td colspan="5"></td></tr>
<tr><td></td><td colspan="4">焊接过程质量检查反馈
（如何边焊边查？）</td><td colspan="5"></td></tr>
<tr><td></td><td colspan="4">焊接缺陷检查
（谁去检查？检查什么内容？）</td><td colspan="5"></td></tr>
<tr><td></td><td colspan="4">整理资料
（谁负责？整理什么内容？）</td><td colspan="5"></td></tr>
<tr><td>制订计划说明</td><td colspan="9">写出制订计划中人员为完成任务提出的主要建议或可以借鉴的建议、需要解释的某一方面问题</td></tr>
<tr><td>计划评价</td><td colspan="9">评语：</td></tr>
<tr><td>班级</td><td></td><td colspan="2">第　　组</td><td colspan="3">组长签字</td><td colspan="3"></td></tr>
<tr><td>教师签字</td><td colspan="3"></td><td colspan="3">日期</td><td colspan="3"></td></tr>
</table>

决策单

<table>
<tr><td>学习领域</td><td colspan="6">焊条电弧焊</td></tr>
<tr><td>学习情境 3</td><td colspan="2">焊条电弧焊 T 型平位角焊</td><td colspan="2">任务 2</td><td colspan="2">T 型接头平位角焊接</td></tr>
<tr><td>决策目的</td><td colspan="2">本次人员分工如何安排？具体工作内容有哪些？</td><td colspan="2">学时</td><td colspan="2">0.5</td></tr>
<tr><td colspan="3">方案讨论</td><td colspan="2">组号</td><td colspan="2"></td></tr>
<tr><td rowspan="16">方案决策</td><td>组别</td><td>步骤
顺序性</td><td>步骤
合理性</td><td>实施可
操作性</td><td>选用工具
合理性</td><td>方案综合评价</td></tr>
<tr><td>1</td><td></td><td></td><td></td><td></td><td></td></tr>
<tr><td>2</td><td></td><td></td><td></td><td></td><td></td></tr>
<tr><td>3</td><td></td><td></td><td></td><td></td><td></td></tr>
<tr><td>4</td><td></td><td></td><td></td><td></td><td></td></tr>
<tr><td>5</td><td></td><td></td><td></td><td></td><td></td></tr>
<tr><td>1</td><td></td><td></td><td></td><td></td><td></td></tr>
<tr><td>2</td><td></td><td></td><td></td><td></td><td></td></tr>
<tr><td>3</td><td></td><td></td><td></td><td></td><td></td></tr>
<tr><td>4</td><td></td><td></td><td></td><td></td><td></td></tr>
<tr><td>5</td><td></td><td></td><td></td><td></td><td></td></tr>
<tr><td>1</td><td></td><td></td><td></td><td></td><td></td></tr>
<tr><td>2</td><td></td><td></td><td></td><td></td><td></td></tr>
<tr><td>3</td><td></td><td></td><td></td><td></td><td></td></tr>
<tr><td>4</td><td></td><td></td><td></td><td></td><td></td></tr>
<tr><td>5</td><td></td><td></td><td></td><td></td><td></td></tr>
<tr><td>方案评价</td><td colspan="6">评语：</td></tr>
<tr><td>班级</td><td></td><td>组长签字</td><td></td><td>教师签字</td><td></td><td>日期</td></tr>
</table>

工具单

场地准备	教学仪器(工具)准备	资料准备
一体化焊接生产车间	焊条电弧焊焊机若干、安全防护用品若干	焊接设备的使用说明书； 工件生产工艺卡； 班级学生名单

作业单

学习领域	焊条电弧焊		
学习情境 3	焊条电弧焊 T 型平位角焊	任务 2	T 型接头平位角焊接
参加焊条电弧焊 T 型平位角焊人员	第　　组		学时
			1
作业方式	小组分析,个人解答,现场批阅,集体评判		

序号	工作内容记录 (T 型接头平位角焊接作业)	分工 (负责人)

小结	主要描述完成的成果及是否达到目标	存在的问题

班级		组别		组长签字	
学号		姓名		教师签字	
教师评分		日期			

检查单

学习领域	焊条电弧焊				
学习情境 3	焊条电弧焊 T 型平位角焊		学时	20	
任务 2	T 型接头平位角焊接		学时	10	
序号	检查项目	检查标准		学生自查	教师检查
1	任务书阅读与分析能力,正确理解及描述目标要求	准确理解任务要求			
2	与同组同学协商,确定人员分工	较强的团队协作能力			
3	查阅资料能力,市场调研能力	较强的资料检索能力和市场调研能力			
4	资料的阅读、分析和归纳能力	较强的资料分析、报告撰写能力			
5	焊条电弧焊的 T 型接头平位角焊接	较强的焊接工艺确定及操作能力			
6	安全生产与环保	符合“5S”要求			
7	质量的分析诊断能力	焊接质量反馈处理得当			
检查评价	评语:				
班级		组别		组长签字	
教师签字				日期	

评价单

<table>
<tr><td>学习领域</td><td colspan="7">焊条电弧焊</td></tr>
<tr><td>学习情境 3</td><td colspan="2">焊条电弧焊 T 型平位角焊</td><td colspan="2">任务 2</td><td colspan="3">T 型接头平位角焊接</td></tr>
<tr><td colspan="3">评价学时</td><td colspan="5">课内 0.5 学时</td></tr>
<tr><td>班级</td><td colspan="2"></td><td colspan="5">第　　组</td></tr>
<tr><td>考核情境</td><td>考核内容及要求</td><td>分值</td><td>学生自评（10%）</td><td>小组评分（20%）</td><td>教师评分（70%）</td><td colspan="2">实际得分</td></tr>
<tr><td rowspan="4">计划编制（20 分）</td><td>资源利用率</td><td>4</td><td rowspan="4"></td><td rowspan="4"></td><td rowspan="4"></td><td colspan="2" rowspan="4"></td></tr>
<tr><td>工作程序的完整性</td><td>6</td></tr>
<tr><td>步骤内容描述</td><td>8</td></tr>
<tr><td>计划的规范性</td><td>2</td></tr>
<tr><td rowspan="3">工作过程（40 分）</td><td>保持焊接设备及配件的完整性</td><td>10</td><td rowspan="3"></td><td rowspan="3"></td><td rowspan="3"></td><td colspan="2" rowspan="3"></td></tr>
<tr><td>焊接安全作业</td><td>5</td></tr>
<tr><td>焊接问题反馈处理准确性</td><td>25</td></tr>
<tr><td rowspan="5">团队情感（25 分）</td><td>核心价值观</td><td>5</td><td rowspan="5"></td><td rowspan="5"></td><td rowspan="5"></td><td colspan="2" rowspan="5"></td></tr>
<tr><td>创新性</td><td>5</td></tr>
<tr><td>参与率</td><td>5</td></tr>
<tr><td>合作性</td><td>5</td></tr>
<tr><td>劳动态度</td><td>5</td></tr>
<tr><td rowspan="2">安全文明（10 分）</td><td>工作过程中的安全保障情况</td><td>5</td><td rowspan="2"></td><td rowspan="2"></td><td rowspan="2"></td><td colspan="2" rowspan="2"></td></tr>
<tr><td>工具正确使用和保养、放置规范</td><td>5</td></tr>
<tr><td>工作效率（5 分）</td><td>能够在要求的时间内完成，每超时 5 min 扣 1 分</td><td>5</td><td></td><td></td><td></td><td colspan="2"></td></tr>
<tr><td colspan="2">总分</td><td>100</td><td></td><td></td><td></td><td colspan="2"></td></tr>
</table>

小组成员评价单

<table>
<tr><td>学习领域</td><td colspan="5">焊条电弧焊</td></tr>
<tr><td>学习情境 3</td><td colspan="2">焊条电弧焊 T 型平位角焊</td><td>任务 2</td><td colspan="2">T 型接头平位角焊接</td></tr>
<tr><td>班级</td><td></td><td>第　　组</td><td colspan="2">成员姓名</td><td></td></tr>
<tr><td colspan="2">评分说明</td><td colspan="4">每个小组成员评价分为自评和小组其他成员评价两部分，取平均值，作为该小组成员的任务评价个人分数。评价项目共设计 5 个，依据评分标准给予合理量化打分。小组成员自评后，要找小组其他成员以不记名方式打分</td></tr>
</table>

表(续 1)

对象	评分项目	评分标准	评分
自评 (100 分)	核心价值观(20 分)	是否有违背社会主义核心价值观的思想及行动	
	工作态度(20 分)	是否按时完成负责的工作内容、遵守纪律,是否积极主动参与小组工作,是否全过程参与,是否吃苦耐劳,是否具有工匠精神	
	交流沟通(20 分)	是否能良好地表达自己的观点,是否能倾听他人的观点	
	团队合作(20 分)	是否与小组成员合作完成任务,做到相互协作、互相帮助、听从指挥	
	创新意识(20 分)	看问题是否能独立思考,提出独到见解,是否能够利用创新思维解决遇到的问题	
成员 1 (100 分)	核心价值观(20 分)	是否有违背社会主义核心价值观的思想及行动	
	工作态度(20 分)	是否按时完成负责的工作内容、遵守纪律,是否积极主动参与小组工作,是否全过程参与,是否吃苦耐劳,是否具有工匠精神	
	交流沟通(20 分)	是否能良好地表达自己的观点,是否能倾听他人的观点	
	团队合作(20 分)	是否与小组成员合作完成任务,做到相互协作、互相帮助、听从指挥	
	创新意识(20 分)	看问题是否能独立思考,提出独到见解,是否能够利用创新思维解决遇到的问题	
成员 2 (100 分)	核心价值观(20 分)	是否有违背社会主义核心价值观的思想及行动	
	工作态度(20 分)	是否按时完成负责的工作内容、遵守纪律,是否积极主动参与小组工作,是否全过程参与,是否吃苦耐劳,是否具有工匠精神	
	交流沟通(20 分)	是否能良好地表达自己的观点,是否能倾听他人的观点	
	团队合作(20 分)	是否与小组成员合作完成任务,做到相互协作、互相帮助、听从指挥	
	创新意识(20 分)	看问题是否能独立思考,提出独到见解,是否能够利用创新思维解决遇到的问题	
成员 3 (100 分)	核心价值观(20 分)	是否有违背社会主义核心价值观的思想及行动	
	工作态度(20 分)	是否按时完成负责的工作内容、遵守纪律,是否积极主动参与小组工作,是否全过程参与,是否吃苦耐劳,是否具有工匠精神	

表(续2)

对象	评分项目	评分标准	评分
成员3 (100分)	交流沟通(20分)	是否能良好地表达自己的观点,是否能倾听他人的观点	
	团队合作(20分)	是否与小组成员合作完成任务,做到相互协作、互相帮助、听从指挥	
	创新意识(20分)	看问题是否能独立思考,提出独到见解,是否能够利用创新思维解决遇到的问题	
成员4 (100分)	核心价值观(20分)	是否有违背社会主义核心价值观的思想及行动	
	工作态度(20分)	是否按时完成负责的工作内容、遵守纪律,是否积极主动参与小组工作,是否全过程参与,是否吃苦耐劳,是否具有工匠精神	
	交流沟通(20分)	是否能良好地表达自己的观点,是否能倾听他人的观点	
	团队合作(20分)	是否与小组成员合作完成任务,做到相互协作、互相帮助、听从指挥	
	创新意识(20分)	看问题是否能独立思考,提出独到见解,是否能够利用创新思维解决遇到的问题	
成员5 (100分)	核心价值观(20分)	是否有违背社会主义核心价值观的思想及行动	
	工作态度(20分)	是否按时完成负责的工作内容、遵守纪律,是否积极主动参与小组工作,是否全过程参与,是否吃苦耐劳,是否具有工匠精神	
	交流沟通(20分)	是否能良好地表达自己的观点,是否能倾听他人的观点	
	团队合作(20分)	是否与小组成员合作完成任务,做到相互协作、互相帮助、听从指挥	
	创新意识(20分)	看问题是否能独立思考,提出独到见解,是否能够利用创新思维解决遇到的问题	
最终小组成员得分			

课后反思

学习领域	焊条电弧焊				
学习情境 3	焊条电弧焊 T 型平位角焊		任务 2	T 型接头平位角焊接	
班级		第　组		成员姓名	
情感反思	通过对本任务的学习和实训，你认为自己在社会主义核心价值观、职业素养、学习和工作态度等方面有哪些需要提高的部分？				
知识反思	通过对本任务的学习，你掌握了哪些知识点？请画出思维导图。				
技能反思	在完成本任务的学习和实训过程中，你主要掌握了哪些技能？				
方法反思	在完成本任务的学习和实训过程中，你主要掌握了哪些分析和解决问题的方法？				

【焊接小故事】

“神焊手”王文华老师

北京2022年冬奥会，首钢集体有限公司（以下简称“首钢”）承担了滑雪大跳台的建设工作。为了高标准、高质量完成好大跳台工程，首钢成立了由王文华牵头的焊接质量专家团队。通过全程跟踪此项工程，从电焊工严格的考核，择优上岗，到重要结构焊接技术交底，以及每一道重要焊缝超声波检验都亲力亲为，确保了焊接质量高度可控。经与各施工单位共同努力，此项工程获得“鲁班奖”，首钢制造又一次向世界递出了漂亮的名片。

在这荣耀的背后有着首钢焊接人的贡献，其中就有一个焊接人叫王文华，他是首钢技师学院国家级技能大师工作室负责人。

王文华1981年在首钢参加工作，从此扎根在焊接岗位，先后参加过中华世纪坛、冬奥滑雪大跳台、首钢炼铁厂等几十项重大工程建设。凭着自强不息、刻苦钻研的精神，他在29岁便考取了焊接工程师、技师职称，多次在全国大赛中获奖，有焊接行业“神焊枪”之美誉。

王文华的能力和贡献得到了企业和社会的认可，他先后荣获了全国劳动模范、全国技术能手、国务院政府津贴、国家技能人才培养突出贡献奖、国家级技能大师、首都劳动技能勋章、北京市十大能工巧匠、世界技能比赛国家队教练、首钢工匠等几十项荣誉称号；作为技能大赛选手指导教练，指导学员在省市级及以上技能大赛中近百人获奖，获前三名奖近60项，其中18人分获“全国技术能手”“全国青年岗位能手”“北京市技术能手”“中央企业技术能手”和“航天技术能手”等称号。

荣誉满身，王文华却不在意。他想着在技术上不断创新，不断优化，先后完成了“仰板焊接最佳操作法”“不锈钢复合板抽真空钎焊最佳操作法”及“顶水、顶气、顶油焊接最佳操作法”等攻关，为企业节约大量的成本。

“这么好的技术，不能留在我自己手里。”王文华想着“我的整个职业生涯，是党和国家培养了我，我要把技术发扬光大”。他决定去做焊接技术培训。2004年至今，特别是“王文华大师工作室”成立以来，王文华以工作室为载体，重点涉足“技术攻关、技术创新、技术交流、传授技艺和实现绝技绝活代际传承”的高端教育培训工作；大胆实践，与七家企业建立了“技能大师工作室企业工作站”，开创了技能大师培养焊工高技能人才的渠道和途径；完成中高级焊工3 000余人，焊工技师、高级技师630余人的培训工作。王文华觉得，焊接技术拼的就是人才，我们的技术储备就要做到天下第一，永远有后继者拿得起这杆焊枪。

学习情境 4 低碳钢板对接焊

【学习指南】

【情境导入】

对接接头焊接需要有一定的技术基础，学生需要掌握对接接头焊接打底、填充、盖面的焊接手法和焊接工艺，进一步提高焊接手法，在教师的指导下根据个人的操作习惯、设备特点等因素，合理调节焊接对接接头在平位（PA 位）、横位（PC 位）时所用工艺参数；采用正确的安全要求和操作手法，完成对接接头焊接作业，保证焊接过程工序安全，焊接过程质量监控，以及焊后质量反馈，通过不断调整焊接质量，提高焊接作业水平。同时保证生产安全，正确使用防护用品，遵守安全纪律。

某空气储罐生产企业对空气储罐上的焊缝有相应的质量要求，作为焊接人员需按照检测标准及规定对该空气储罐焊缝加工进行技术分解，拆分为多个焊位的焊接作业。本情境是对焊接作业提炼出的作业内容，包括低碳钢板对接平焊、低碳钢板对接横焊两个重要的焊接内容。本情境要求学生具备一定的焊接技术基础。根据生产条件，正确进行低碳钢板对接焊。培养学生的职业道德和职业素养，建议采用学习情境化教学，学生以小组的形式来完成任务，培养学生自主学习、与人合作、与人交流的能力。图 4-1 为工作中的空气储罐。

图 4-1 工作中的空气储罐

【学习目标】

知识目标：

1. 能够准确阐述焊条电弧焊单面焊双面成型的焊接要求；
2. 能够准确阐述焊接装配工序的技术要求；
3. 能够准确说出焊接位置的基本知识；
4. 能够准确说出焊接对接板的焊接技术及工艺参数要求。

能力目标：

1. 能够看懂技术文件上焊条电弧焊单面焊双面成型的焊接要求；
2. 能够对焊接作业的变形进行预判，根据实际情况制备反变形量；
3. 能够完成对接板打底、填充、盖面的焊接操作；

4. 能够根据自身的操作习惯,分析工艺参数,调试工艺参数。

素质目标:

1. 遵守实训室规章制度;
2. 按时完成工作任务;
3. 积极主动承担工作任务;
4. 注意人身安全和设备安全。

任务 1　低碳钢板对接平焊

【任务工单】

学习领域	焊条电弧焊				
学习情境 4	低碳钢板对接焊		任务 1	低碳钢板对接平焊	
任务学时			10		
布置任务					
工作目标	1. 掌握对接板平焊位焊接的理论知识; 2. 能自己加工焊接对接板试件,并带有反变形的装配; 3. 能根据焊接作业要求正确安装焊接设备; 4. 能自行调整平焊位的打底焊、填充焊、盖面焊的焊接参数; 5. 能根据焊接安全、清洁和环境要求,严格按照焊接工艺完成作业				
任务描述	学生根据企业生产的相应要求,完成对接板平焊的打底、填充、盖面的焊接作业				
学时安排	资讯 4 学时	计划 1 学时	决策 1 学时	实施 3 学时	检查 0.5 学时	评价 0.5 学时
提供资料	1.《国际焊接工程师培训教程》(2013 版)　哈尔滨焊接技术培训中心; 2.《国际焊接技师培训教程》(2013 版)　哈尔滨焊接技术培训中心; 3.《焊条电弧焊》　人力资源和社会保障部教材办公室主编,中国劳动社会保障出版社,2009 年 5 月; 4.《焊条电弧焊》　侯勇主编,机械工业出版社,2018 年 5 月; 5. 利用网络资源进行咨询				
对学生的要求	1. 掌握一定的焊接专业基础知识(焊接方法、工艺、生产流程),经历了专业实习,对焊接企业的产品及行业领域有一定的了解; 2. 具有独立思考、善于发现问题的良好习惯,能对任务书进行分析,能正确理解和描述目标要求; 3. 具有查询资料和市场调研能力,具备严谨求实和开拓创新的学习态度				

资讯单

<table>
<tr><td>学习领域</td><td colspan="3">焊条电弧焊</td></tr>
<tr><td>学习情境 4</td><td>低碳钢板对接焊</td><td>任务 1</td><td>低碳钢板对接平焊</td></tr>
<tr><td colspan="2">资讯学时</td><td colspan="2">4</td></tr>
<tr><td>资讯方式</td><td colspan="3">在图书馆查询相关杂志、图书,利用互联网查询相关资料,咨询任课教师</td></tr>
<tr><td rowspan="19">资讯内容</td><td rowspan="13">知识点</td><td rowspan="8">低碳钢板对接平焊焊前工序</td><td>问题:请看一看该校的焊条电弧焊焊机是哪种类型?它现在是否能安全运行?</td></tr>
<tr><td>问题:请查一查试件是什么材料制成的?你选用的是什么型号的焊条?</td></tr>
<tr><td>问题:制备对接试板时都采用了哪些设备?你会使用这些设备吗?</td></tr>
<tr><td>问题:你能记录一下焊接试板的尺寸吗?</td></tr>
<tr><td>问题:不同尺寸的对接平焊试板,在焊接时使用的焊接参数是否一样?请在焊接时记录下来</td></tr>
<tr><td>问题:焊接装配时,简单点固焊就能完成装配,为什么要求点固焊尺寸为 10~15 mm 呢?</td></tr>
<tr><td>问题:你在进行对接平焊试件时发生了哪些变形?</td></tr>
<tr><td>问题:你是如何解决变形问题的?</td></tr>
<tr><td rowspan="5">低碳钢板对接平焊质量管理</td><td>问题:焊接时,你使用了哪些装备保护自己?</td></tr>
<tr><td>问题:在焊接打底、填充、盖面 3 个位置时,分别选用了怎样的参数?3 套参数一样吗?</td></tr>
<tr><td>问题:焊接时是否遇到了磁偏吹的问题?你是如何解决它的?</td></tr>
<tr><td>问题:焊接填充焊时发现焊道已填满,没有为盖面焊预留 1~1.5 mm 的深度尺寸,该如何补救?</td></tr>
<tr><td>问题:打底焊焊接到试板中部时发现出现了未熔合缺陷,你该怎么处理这种情况?</td></tr>
<tr><td rowspan="2">技能点</td><td colspan="2">完成焊条电弧焊对接板平焊任务</td></tr>
<tr><td colspan="2">完成焊条电弧焊平焊的打底、填充、盖面的焊工作任务</td></tr>
<tr><td rowspan="3">思政点</td><td colspan="2">培养学生的爱国情怀和民族自豪感,做到爱国敬业、诚信友善</td></tr>
<tr><td colspan="2">培养学生树立质量意识、安全意识,认识到我们每一个人都是工程建设质量的守护者</td></tr>
<tr><td colspan="2">培养学生具有社会责任感和社会参与意识</td></tr>
<tr><td>学生需要单独资询的问题</td><td colspan="2"></td></tr>
</table>

【课前自学】

知识点 1:低碳钢板对接平焊焊前工序

一、焊接位置

焊接各个位置如图 4-2 所示。

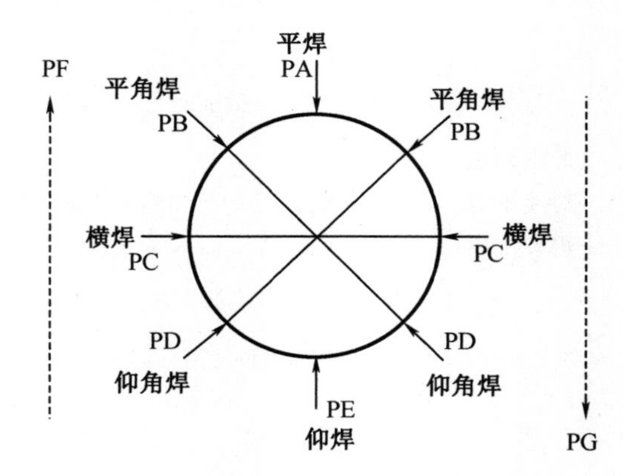

图 4-2　焊接位置示意图

对管子来说还有一些补充符号,如图 4-3 所示。

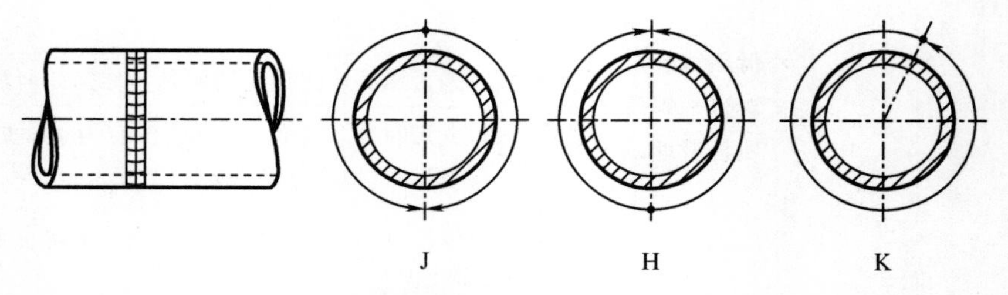

H—立向上焊接;J—立向下焊接;K—环状焊接。

图 4-3　焊接位置(管)

除此之外,还可以用字母 L 和角度数值来表示焊接管子倾斜角度,如图 4-4 所示。

二、技术要求

(1)焊缝根部间隙 $b=4\sim3.5$ mm,钝边 $p=0.5\sim1$ mm,坡口角度 $\alpha=60°\pm2°$。

(2)材料:Q235A 钢板。

(3)焊后变形量小于 3°。

对接接头平角焊如图 4-5 所示。

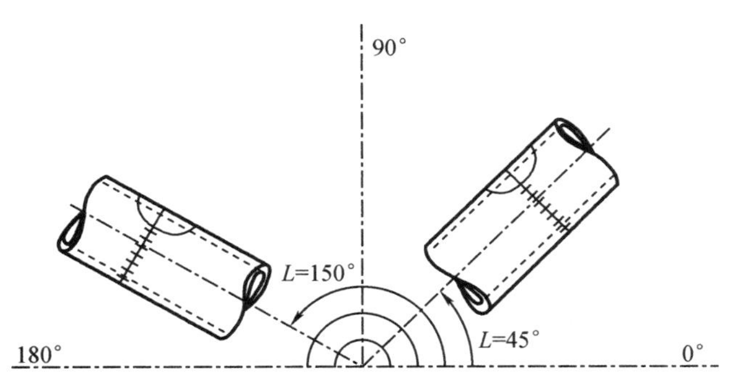

图 4-4　焊接位置(管倾斜)

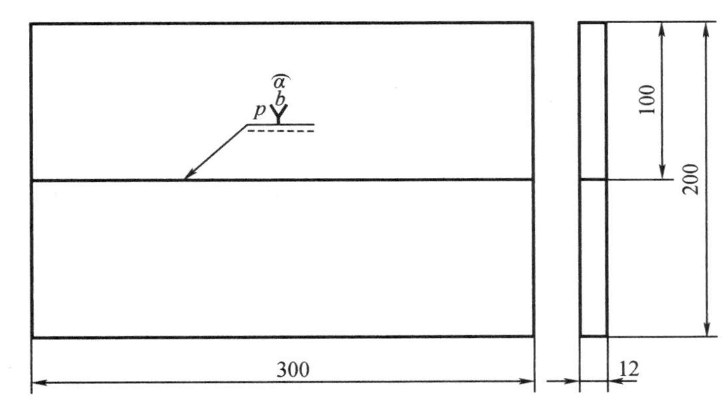

图 4-5　对接接头平角焊示意图(单位:mm)

三、技术解析

(1)单面焊双面成型操作技术是采用普通焊条,以特殊的操作方法,在坡口的正面焊接,焊后保证坡口正、反两面都能得到满足要求的焊缝的一种操作方法,这是一项在压力管道和锅炉压力容器焊接中焊工必须掌握的操作技术。

(2)单面焊要控制好试件变形,解决措施是试件装配时进行反变形。

(3)打底层是单面焊双面成型的关键层,打底层熔孔不易观察和控制,焊缝背面易造成未焊透;在电弧吹力和熔化金属重力作用下,背面易产生焊瘤或焊缝超高等缺陷。要想得到合格的焊缝外观,在装配时要留有合适的装配间隙,同时要有正确的操作手法和技能。

四、准备

1. 焊条电弧焊焊机及辅助工具

(1)设备选择与检查

①本任务可采用直流下降特性焊机(如 ZX7-400),选用碱性或者酸性焊条施焊。

②检查设备状态,电缆线接头是否接触良好,焊钳电缆是否松动破损,焊接回路地线连接是否可靠,避免因地线虚接、线路降压变化而影响电弧电压稳定;避免因接触不良造成电阻增大而发热,烧毁焊接设备;检查安全接地线是否断开,避免因设备漏电带来人身安全隐患。

(2)辅助工具

在焊工操作作业区应准备好錾子、敲渣锤、锤子、锉刀、钢丝刷、钢直尺、角向磨光机、焊

接检验尺等辅助工具和量具。

2. 焊接参数选取

平对接单面焊双面成型焊接参数如表 4-2 所示。

表 4-2　平对接单面焊双面成型焊接参数

焊条型号	焊接层次	焊条直径/mm	焊接电流/A	电源极性
E5015(经 350～400 ℃烘干,保温 1～2 h,随取随用)	打底(第 1 层)	3.2	80～90(连弧法)	直流反接
		3.2	95～105(灭弧法)	
	填充(第 2 层)	3.2	120～130	
		4.0	160～180	
	盖面(第 3 层)	3.2	110～120	
		4.0	150～165	

3. 备料

准备厚度为 12 mm 的 Q235A 钢板,下料尺寸为 100 mm×300 mm。用半自动火焰切割机或数控火焰切割机进行下料,坡口制备可采用火焰切割或机械加工。切割(或机加工)边缘表面粗糙度为 $Ra25$～$Ra100$ μm。当用半自动火焰切割机制备坡口后,还需要对坡口进行清理、去除氧化渣。可用角向磨光机打磨 0.5～1 mm 钝边。

4. 装配

(1)按图样对试件尺寸进行检查。

(2)对试件坡口进行修磨,并确保在坡口两侧各 20 mm 内无水、油、锈等杂质,露出金属光泽。如图 4-6 所示。

图 4-6　平对接单面焊试板准备

(3)在装配平台上对两块试件进行组对。装配间隙始焊端约为 3 mm,终焊端约为 4 mm,反变形量为 3°～5°;错边量不大于 1 mm。用与正式焊接同样的焊条在焊件背面两端进行定位焊,定位焊缝长约 10 mm。如图 4-7、图 4-8 所示。

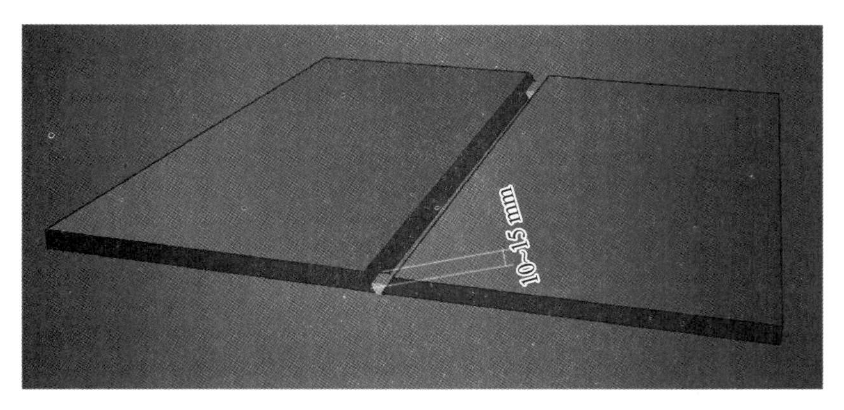

图 4-7　定位焊示意图

图 4-8　平对接单面焊双面成型反变形装配示意图

知识点 2:低碳钢板对接平焊

低碳钢板对接平焊指的就是在 PA 位置的 12 mm 厚对接板焊接,该焊接需要分 3 层焊接,分别是打底层、填充层、盖面层。

一、打底层

1. 基本操作

将装配好的试件放在用槽钢或角钢制作的装备上,使试件间隙处的背面悬空。将焊件间隙窄的一端放在操作者左侧,从焊件间隙窄的一端引弧。操作时可采用连弧法和灭弧法。由于灭弧法较为容易控制熔池,所以初学者一般先学习灭弧法,焊条与左右试件之间(水平方向)的夹角为 90°,与焊接方向(垂直方向)的夹角为 70°~80°,如图 4-9 所示。

打底层焊接完成后,用敲渣锤清除焊渣,并用钢丝刷清理焊缝表面,使焊缝露出金属光泽,为填充层的焊接做好准备。

如果打底层操作不好,往往会影响背面成型效果。初次接触单面焊双面成型往往出现如下状况:担心有装配间隙而导致焊穿或在背面形成焊瘤,操作起来胆小,背面常常不会出现焊缝成型,造成未焊透的缺陷。究其原因是没有理解单面焊双面成型的本质——电弧穿透打孔焊,一个电弧两面用,使弧柱的 1/3 在背面燃烧。因此,背面焊缝的形成实质是穿过孔的电弧在背面焊接,从而形成焊缝。

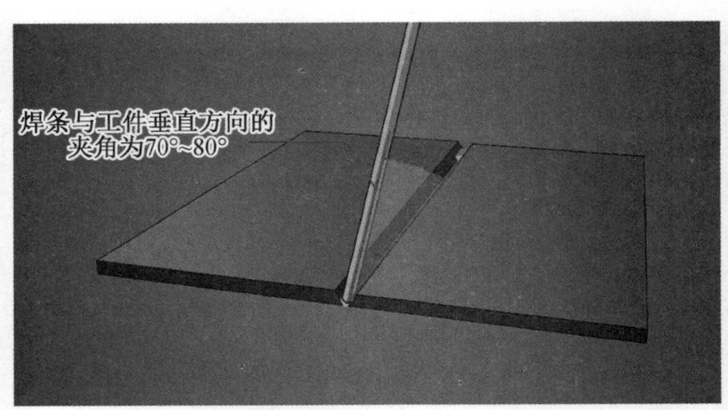

(a) 打底时焊条与工件垂直方向的夹角示意图

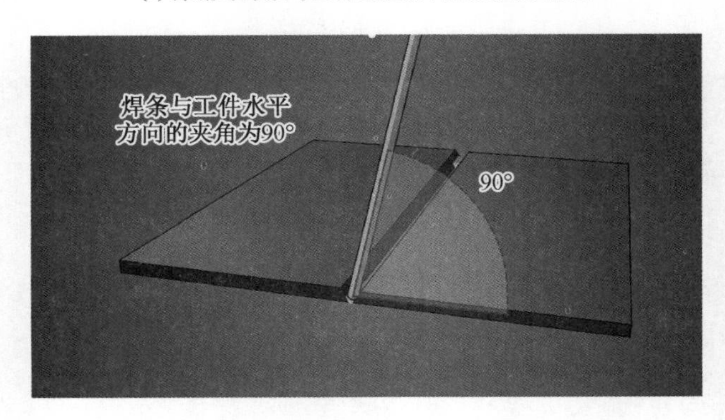

(b) 打底时焊条与工件水平方向的夹角示意图

图 4-9　打底层焊接焊条角度

2. 技能技巧

(1)引弧位置打底层施焊时,在焊件左端定位焊缝的始焊处引弧,稍做停顿预热,横向摆动向右施焊,电弧到达定位焊右侧前沿时,下压焊条,将坡口根部熔化并击穿,听击穿孔发出“噗噗”的声音,并观察熔孔的状态。

(2)控制熔孔的大小可通过改变焊接速度、摆动频率和焊条角度来调整。为保证背面宽度与高度基本一致,电弧熔化趾口每侧 0.5 mm。熔孔过大时,焊条倾斜角稍大,向坡口两侧增大摆幅宽度来降低出口温度,避免产生焊瘤、背面过高。熔孔过小时,将焊条压至趾口根部,用电弧的温度击穿趾口,通过肉眼观察熔孔大小,熔化趾口 0.5 mm 后开始正常焊接,避免产生未焊透现象。

二、填充层

1. 基本操作

填充层施焊前,先清除前道焊缝的焊渣、飞溅,并将焊缝接头的过高部分打磨平整。焊接时,焊条与工件垂直,并后倾 20°~35°(图 4-10),采用月牙形或锯齿形运条方法(图 4-11),运条时焊缝中间稍快,坡口两侧稍做停顿,保证焊缝与坡口的良好熔合。

2. 技能技巧

填充层焊接与打底层相比,运条方法为锯齿形,焊条摆动弧度大些,在坡口两侧停留时间稍长,应保证焊道平整并略下凹,最后一道填充层焊缝表面应低于母材表面 0.5~1.5 mm(填充层层数与板材厚度相关)。

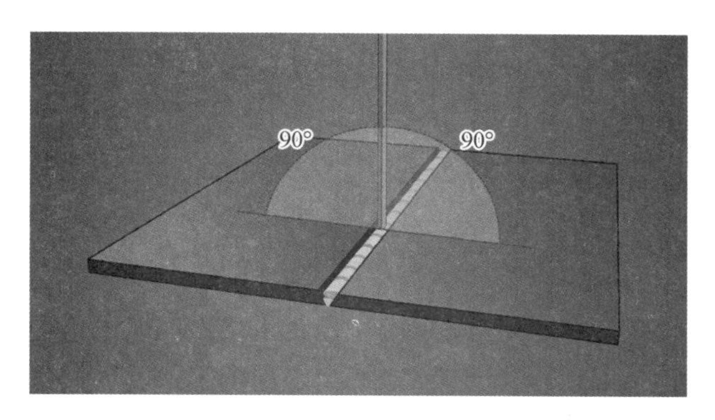

(a) 填充时焊条与工件垂直方向的夹角示意图

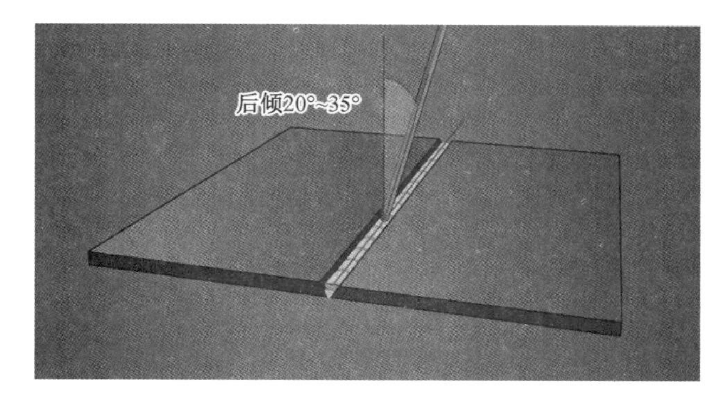

(b) 填充时焊条与工件水平方向的夹角示意图

图 4-10 填充层焊接焊条角度

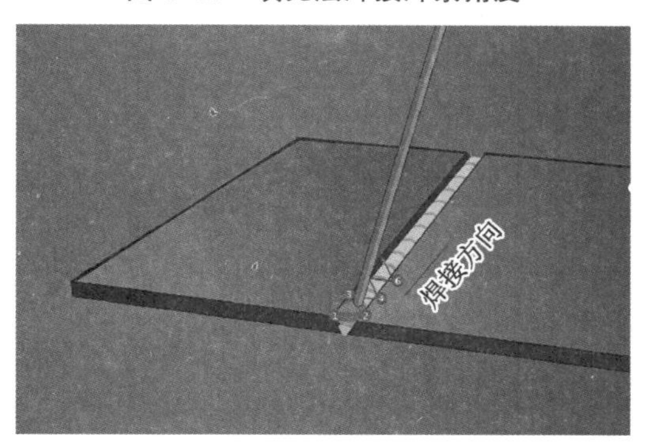

图 4-11 填充层焊接运条方法

三、盖面层

1. 基本操作

盖面层与填充层的焊接基本相同,采用月牙形或锯齿形方法运条,注意摆动的幅度和间距要保持一致,并注意与坡口两侧的熔合,防止咬边和未熔合等缺陷,使焊缝外观成型良好。

2. 技能技巧

(1) 盖面时摆动幅度比填充层稍大。摆动均匀,使铁液覆盖坡口原始棱边,每侧覆盖1~1.5 mm。

(2)若填充层与母材高度一致,则应将焊条垂直于试件,摆动速度稍快,从而降低盖面高度。

(3)当试件焊接至末端收弧时,温度较高,为避免产生未焊满等缺陷,应采用画圆圈法焊满弧坑,如图 4-12 所示。

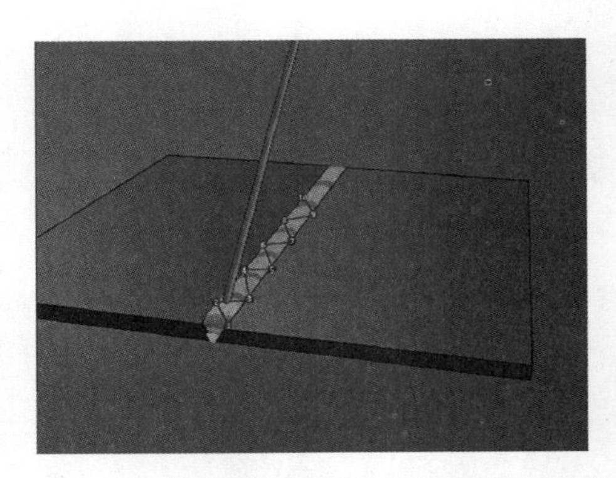

图 4-12 单面焊双面成型盖面焊收弧处理

四、试件及现场清理

将焊好的试件用敲渣锤除去药皮渣壳,再用钢丝刷反复拉刷焊道,除去焊缝表面及附近的细小飞溅和灰尘。注意不得破坏试件原始表面,不得用水冷却。操作结束后,整理工具设备,关闭电源,交回剩余焊条,清理场地,将电缆线盘好,做到安全文明生产,并填写交班记录。

【任务实施】

一、工作准备

1. 设备与工具

焊条电弧焊焊机、电弧焊焊枪、焊条电弧焊焊机说明书、安全护具(护目镜、电焊帽、口罩、焊接手套、焊接工作服)、辅助工具(通针、扳手、点火枪、钢丝刷、钢丝钳等)。

2. 相关材料

J402 焊条或者 J507 焊条等多种焊条,Q235A 钢板。

二、工作程序

1. 备件

使用火焰切割机制备工件试板坡口,清理坡口表面 20 mm 处,露出金属光泽。

2. 装配

对接板试板装配,制作反变形 3°~5°。

3. 焊接作业

设置对接平位工艺参数,完成打底、填充、盖面,焊接过程中学生自行检查缺陷问题,及时调整,修复缺陷部位。

4. 焊后小组互检

小组互检，观察焊后试件，使用焊缝检验尺精确测量焊缝缺陷。记录焊后缺陷。根据焊接质量反馈，分析并记录焊接手法和焊接工艺问题。

【做一做】

一、选择题

1. 板材对接焊缝试件，按试件位置分为________。（多选题）

A. 平焊

B. 横焊

C. 立焊

D. 仰焊

2. 板对接焊时，先在坡口根部焊接的一条焊道称________。（单选题）

A. 封底焊道

B. 打底焊道

C. 单面焊道

3. 多层焊时为保证根部焊透、良好熔合，打底焊的焊条直径应比其余焊层________。（单选题）

A. 大些

B. 小些

C. 显著减少

二、实作训练

根据制定的焊接参数，进行钢板平对接单面焊双面成型实作，并进行自检、互检。

【低碳钢板对接平焊工作单】

计划单

<table>
<tr><td>学习领域</td><td colspan="3">焊条电弧焊</td></tr>
<tr><td>学习情境 4</td><td>低碳钢板对接焊</td><td>任务 1</td><td>低碳钢板对接平焊</td></tr>
<tr><td>工作方式</td><td>组内讨论、团结协作,共同制订计划,小组成员进行工作讨论,确定工作步骤</td><td>学时</td><td>1</td></tr>
<tr><td colspan="2">完成人</td><td colspan="2">1. 2. 3. 4. 5. 6.</td></tr>
<tr><td colspan="4">计划依据:1. 被检工件图纸;2. 教师分配的工作任务</td></tr>
<tr><td>序号</td><td colspan="2">计划步骤</td><td>具体工作内容描述</td></tr>
<tr><td></td><td colspan="2">准备工作
(准备工具、设备、材料,谁去做?)</td><td></td></tr>
<tr><td></td><td colspan="2">组织分工
(成立组织,人员具体都完成什么工作?)</td><td></td></tr>
<tr><td></td><td colspan="2">焊前装配
(如何装配?)</td><td></td></tr>
<tr><td></td><td colspan="2">焊接作业
(如何焊接?)</td><td></td></tr>
<tr><td></td><td colspan="2">焊接表面缺陷检查
(谁去检查?检查什么内容?怎样检查?)</td><td></td></tr>
<tr><td></td><td colspan="2">整理资料
(谁负责?整理什么内容?)</td><td></td></tr>
<tr><td>制订计划说明</td><td colspan="3">写出制订计划中人员为完成任务提出的主要建议或可以借鉴的建议、需要解释的某一方面问题</td></tr>
<tr><td>计划评价</td><td colspan="3">评语:</td></tr>
</table>

<table>
<tr><td>班级</td><td></td><td>第　　组</td><td>组长签字</td><td></td></tr>
<tr><td>教师签字</td><td colspan="2"></td><td>日期</td><td></td></tr>
</table>

决策单

<table>
<tr><td>学习领域</td><td colspan="6">焊条电弧焊</td></tr>
<tr><td>学习情境 4</td><td colspan="3">低碳钢板对接焊</td><td colspan="2">任务 1</td><td>低碳钢板对接平焊</td></tr>
<tr><td>决策目的：</td><td colspan="3">本次人员分工如何安排？具体工作内容有哪些？</td><td colspan="2">学时</td><td>0.5</td></tr>
<tr><td colspan="4">方案讨论</td><td colspan="2">组号</td><td></td></tr>
<tr><td rowspan="16">方案决策</td><td>组别</td><td>步骤顺序性</td><td>步骤合理性</td><td>实施可操作性</td><td>选用工具合理性</td><td>方案综合评价</td></tr>
<tr><td>1</td><td></td><td></td><td></td><td></td><td></td></tr>
<tr><td>2</td><td></td><td></td><td></td><td></td><td></td></tr>
<tr><td>3</td><td></td><td></td><td></td><td></td><td></td></tr>
<tr><td>4</td><td></td><td></td><td></td><td></td><td></td></tr>
<tr><td>5</td><td></td><td></td><td></td><td></td><td></td></tr>
<tr><td>1</td><td></td><td></td><td></td><td></td><td></td></tr>
<tr><td>2</td><td></td><td></td><td></td><td></td><td></td></tr>
<tr><td>3</td><td></td><td></td><td></td><td></td><td></td></tr>
<tr><td>4</td><td></td><td></td><td></td><td></td><td></td></tr>
<tr><td>5</td><td></td><td></td><td></td><td></td><td></td></tr>
<tr><td>1</td><td></td><td></td><td></td><td></td><td></td></tr>
<tr><td>2</td><td></td><td></td><td></td><td></td><td></td></tr>
<tr><td>3</td><td></td><td></td><td></td><td></td><td></td></tr>
<tr><td>4</td><td></td><td></td><td></td><td></td><td></td></tr>
<tr><td>5</td><td></td><td></td><td></td><td></td><td></td></tr>
<tr><td>方案评价</td><td colspan="6">评语：</td></tr>
</table>

班级		组长签字		教师签字		日期	

工具单

场地准备	教学仪器(工具)准备	资料准备
一体化焊接生产车间	焊条电弧焊焊机若干、安全防护用品若干	焊接设备的使用说明书； 压力容器与压力容器工件生产工艺卡； 班级学生名单

作业单

学习领域	焊条电弧焊		
学习情境 4	低碳钢板对接焊	任务 1	低碳钢板对接平焊
参加低碳钢板对接平焊人员	第　　组		学时
			1
作业方式	小组分析，个人解答，现场批阅，集体评判		

序号	工作内容记录 （表面缺陷检测的实际工作）	分工 （负责人）

小结	主要描述完成的成果及是否达到目标	存在的问题

班级		组别		组长签字	
学号		姓名		教师签字	
教师评分		日期			

检查单

<table>
<tr><td>学习领域</td><td colspan="4">焊条电弧焊</td></tr>
<tr><td>学习情境 4</td><td colspan="2">低碳钢板对接焊</td><td>学时</td><td>20</td></tr>
<tr><td>任务 1</td><td colspan="2">低碳钢板对接平焊</td><td>学时</td><td>10</td></tr>
<tr><td>序号</td><td>检查项目</td><td>检查标准</td><td>学生自查</td><td>教师检查</td></tr>
<tr><td>1</td><td>任务书阅读与分析能力，正确理解及描述目标要求</td><td>准确理解任务要求</td><td></td><td></td></tr>
<tr><td>2</td><td>与同组同学协商，确定人员分工</td><td>较强的团队协作能力</td><td></td><td></td></tr>
<tr><td>3</td><td>查阅资料能力，市场调研能力</td><td>较强的资料检索能力和市场调研能力</td><td></td><td></td></tr>
<tr><td>4</td><td>资料的阅读、分析和归纳能力</td><td>较强的资料分析、报告撰写能力</td><td></td><td></td></tr>
<tr><td>5</td><td>焊条电弧焊的对接平焊</td><td>较强的焊接操作能力</td><td></td><td></td></tr>
<tr><td>6</td><td>安全生产与环保</td><td>符合“5S”要求</td><td></td><td></td></tr>
<tr><td>7</td><td>焊接质量的分析诊断能力</td><td>缺陷返修处理得当</td><td></td><td></td></tr>
<tr><td>检查评价</td><td colspan="4">评语：</td></tr>
</table>

<table>
<tr><td>班级</td><td></td><td>组别</td><td></td><td>组长签字</td><td></td></tr>
<tr><td>教师签字</td><td colspan="3"></td><td>日期</td><td></td></tr>
</table>

评价单

<table>
<tr><td>学习领域</td><td colspan="7">焊条电弧焊</td></tr>
<tr><td>学习情境 4</td><td colspan="2">低碳钢板对接焊</td><td colspan="2">任务 1</td><td colspan="3">低碳钢板对接平焊</td></tr>
<tr><td colspan="3">评价学时</td><td colspan="5">课内 0.5 学时</td></tr>
<tr><td>班级</td><td colspan="2"></td><td colspan="5">第　　组</td></tr>
<tr><td>考核情境</td><td>考核内容及要求</td><td>分值</td><td>学生自评（10%）</td><td>小组评分（20%）</td><td>教师评分（70%）</td><td colspan="2">实际得分</td></tr>
<tr><td rowspan="4">计划编制（20 分）</td><td>资源利用率</td><td>4</td><td rowspan="4"></td><td rowspan="4"></td><td rowspan="4"></td><td colspan="2" rowspan="4"></td></tr>
<tr><td>工作程序的完整性</td><td>6</td></tr>
<tr><td>步骤内容描述</td><td>8</td></tr>
<tr><td>计划的规范性</td><td>2</td></tr>
<tr><td rowspan="3">工作过程（40 分）</td><td>保持焊接设备及配件的完整性</td><td>10</td><td rowspan="3"></td><td rowspan="3"></td><td rowspan="3"></td><td colspan="2" rowspan="3"></td></tr>
<tr><td>焊接质量及安全作业的管理</td><td>5</td></tr>
<tr><td>质检分析的准确性</td><td>25</td></tr>
<tr><td rowspan="5">团队情感（25 分）</td><td>核心价值观</td><td>5</td><td rowspan="5"></td><td rowspan="5"></td><td rowspan="5"></td><td colspan="2" rowspan="5"></td></tr>
<tr><td>创新性</td><td>5</td></tr>
<tr><td>参与率</td><td>5</td></tr>
<tr><td>合作性</td><td>5</td></tr>
<tr><td>劳动态度</td><td>5</td></tr>
<tr><td rowspan="2">安全文明（10 分）</td><td>工作过程中的安全保障情况</td><td>5</td><td rowspan="2"></td><td rowspan="2"></td><td rowspan="2"></td><td colspan="2" rowspan="2"></td></tr>
<tr><td>工具正确使用和保养、放置规范</td><td>5</td></tr>
<tr><td>工作效率（5 分）</td><td>能够在要求的时间内完成，每超时 5 min 扣 1 分</td><td>5</td><td></td><td></td><td></td><td colspan="2"></td></tr>
<tr><td colspan="2">总分</td><td>100</td><td></td><td></td><td></td><td colspan="2"></td></tr>
</table>

小组成员评价单

<table>
<tr><td>学习领域</td><td colspan="5">焊条电弧焊</td></tr>
<tr><td>学习情境 4</td><td colspan="2">低碳钢板对接焊</td><td>任务 1</td><td colspan="2">低碳钢板对接平焊</td></tr>
<tr><td>班级</td><td></td><td>第　　组</td><td colspan="2">成员姓名</td><td></td></tr>
<tr><td colspan="2">评分说明</td><td colspan="4">每个小组成员评价分为自评和小组其他成员评价两部分，取平均值，作为该小组成员的任务评价个人分数。评价项目共设计 5 个，依据评分标准给予合理量化打分。小组成员自评后，要找小组其他成员以不记名方式打分</td></tr>
</table>

表(续 1)

对象	评分项目	评分标准	评分
自评(100 分)	核心价值观(20 分)	是否有违背社会主义核心价值观的思想及行动	
	工作态度(20 分)	是否按时完成负责的工作内容、遵守纪律,是否积极主动参与小组工作,是否全过程参与,是否吃苦耐劳,是否具有工匠精神	
	交流沟通(20 分)	是否能良好地表达自己的观点,是否能倾听他人的观点	
	团队合作(20 分)	是否与小组成员合作完成任务,做到相互协作、互相帮助、听从指挥	
	创新意识(20 分)	看问题是否能独立思考,提出独到见解,是否能够利用创新思维解决遇到的问题	
成员 1(100 分)	核心价值观(20 分)	是否有违背社会主义核心价值观的思想及行动	
	工作态度(20 分)	是否按时完成负责的工作内容、遵守纪律,是否积极主动参与小组工作,是否全过程参与,是否吃苦耐劳,是否具有工匠精神	
	交流沟通(20 分)	是否能良好地表达自己的观点,是否能倾听他人的观点	
	团队合作(20 分)	是否与小组成员合作完成任务,做到相互协作、互相帮助、听从指挥	
	创新意识(20 分)	看问题是否能独立思考,提出独到见解,是否能够利用创新思维解决遇到的问题	
成员 2(100 分)	核心价值观(20 分)	是否有违背社会主义核心价值观的思想及行动	
	工作态度(20 分)	是否按时完成负责的工作内容、遵守纪律,是否积极主动参与小组工作,是否全过程参与,是否吃苦耐劳,是否具有工匠精神	
	交流沟通(20 分)	是否能良好地表达自己的观点,是否能倾听他人的观点	
	团队合作(20 分)	是否与小组成员合作完成任务,做到相互协作、互相帮助、听从指挥	
	创新意识(20 分)	看问题是否能独立思考,提出独到见解,是否能够利用创新思维解决遇到的问题	
成员 3(100 分)	核心价值观(20 分)	是否有违背社会主义核心价值观的思想及行动	
	工作态度(20 分)	是否按时完成负责的工作内容、遵守纪律,是否积极主动参与小组工作,是否全过程参与,是否吃苦耐劳,是否具有工匠精神	

表(续2)

对象	评分项目	评分标准	评分
成员3（100分）	交流沟通(20分)	是否能良好地表达自己的观点，是否能倾听他人的观点	
	团队合作(20分)	是否与小组成员合作完成任务，做到相互协作、互相帮助、听从指挥	
	创新意识(20分)	看问题是否能独立思考，提出独到见解，是否能够利用创新思维解决遇到的问题	
成员4（100分）	核心价值观(20分)	是否有违背社会主义核心价值观的思想及行动	
	工作态度(20分)	是否按时完成负责的工作内容、遵守纪律，是否积极主动参与小组工作，是否全过程参与，是否吃苦耐劳，是否具有工匠精神	
	交流沟通(20分)	是否能良好地表达自己的观点，是否能倾听他人的观点	
	团队合作(20分)	是否与小组成员合作完成任务，做到相互协作、互相帮助、听从指挥	
	创新意识(20分)	看问题是否能独立思考，提出独到见解，是否能够利用创新思维解决遇到的问题	
成员5（100分）	核心价值观(20分)	是否有违背社会主义核心价值观的思想及行动	
	工作态度(20分)	是否按时完成负责的工作内容、遵守纪律，是否积极主动参与小组工作，是否全过程参与，是否吃苦耐劳，是否具有工匠精神	
	交流沟通(20分)	是否能良好地表达自己的观点，是否能倾听他人的观点	
	团队合作(20分)	是否与小组成员合作完成任务，做到相互协作、互相帮助、听从指挥	
	创新意识(20分)	看问题是否能独立思考，提出独到见解，是否能够利用创新思维解决遇到的问题	
最终小组成员得分			

课后反思

<table>
<tr><td>学习领域</td><td colspan="5">焊条电弧焊</td></tr>
<tr><td>学习情境 4</td><td colspan="2">低碳钢板对接焊</td><td>任务 1</td><td colspan="2">低碳钢板对接平焊</td></tr>
<tr><td>班级</td><td></td><td>第　　组</td><td colspan="2">成员姓名</td><td></td></tr>
<tr><td colspan="2">情感反思</td><td colspan="4">通过对本任务的学习和实训,你认为自己在社会主义核心价值观、职业素养、学习和工作态度等方面有哪些需要提高的部分?</td></tr>
<tr><td colspan="2">知识反思</td><td colspan="4">通过对本任务的学习,你掌握了哪些知识点?请画出思维导图。</td></tr>
<tr><td colspan="2">技能反思</td><td colspan="4">在完成本任务的学习和实训过程中,你主要掌握了哪些技能?</td></tr>
<tr><td colspan="2">方法反思</td><td colspan="4">在完成本任务的学习和实训过程中,你主要掌握了哪些分析和解决问题的方法?</td></tr>
</table>

任务 2　低碳钢板对接横焊

【任务工单】

<table>
<tr><td>学习领域</td><td colspan="6">焊条电弧焊</td></tr>
<tr><td>学习情境 4</td><td colspan="2">低碳钢板对接焊</td><td colspan="2">任务 2</td><td colspan="2">低碳钢板对接横焊</td></tr>
<tr><td colspan="3">任务学时</td><td colspan="4">10</td></tr>
<tr><td colspan="7">布置任务</td></tr>
<tr><td>工作目标</td><td colspan="6">1. 掌握对接板横焊位焊接的理论知识;
2. 能自己加工焊接对接板试件,并带有反变形的装配;
3. 能根据焊接作业要求正确安装焊接设备;
4. 能自行调整横焊位的打底焊、填充焊、盖面焊的焊接参数;
5. 能根据按焊接安全、清洁和环境要求,严格按照焊接工艺完成作业</td></tr>
<tr><td>任务描述</td><td colspan="6">学生根据企业生产的相应要求,完成对接板横焊的打底、填充、盖面的焊接作业</td></tr>
<tr><td>学时安排</td><td>资讯
4 学时</td><td>计划
1 学时</td><td>决策
1 学时</td><td>实施
3 学时</td><td>检查
0.5 学时</td><td>评价
0.5 学时</td></tr>
<tr><td>提供资料</td><td colspan="6">1.《国际焊接工程师培训教程》(2013 版)　哈尔滨焊接技术培训中心;
2.《国际焊接技师培训教程》(2013 版)　哈尔滨焊接技术培训中心;
3.《焊条电弧焊》　人力资源和社会保障部教材办公室主编,中国劳动社会保障出版社,2009 年 5 月;
4.《焊条电弧焊》　侯勇主编,机械工业出版社,2018 年 5 月;
5. 利用网络资源进行咨询</td></tr>
<tr><td>对学生的要求</td><td colspan="6">1. 掌握一定的焊接专业基础知识(焊接方法、工艺、生产流程),经历了专业实习,对焊接企业的产品及行业领域有一定的了解;
2. 具有独立思考、善于发现问题的良好习惯,能对任务书进行分析,能正确理解和描述目标要求;
3. 具有查询资料和市场调研能力,具备严谨求实和开拓创新的学习态度</td></tr>
</table>

资讯单

<table>
<tr><td>学习领域</td><td colspan="5">焊条电弧焊</td></tr>
<tr><td>学习情境 4</td><td colspan="3">低碳钢板对接焊</td><td>任务 2</td><td>低碳钢板对接横焊</td></tr>
<tr><td colspan="4">资讯学时</td><td colspan="2">4</td></tr>
<tr><td>资讯方式</td><td colspan="5">在图书馆查询相关杂志、图书,利用互联网查询相关资料,咨询任课教师</td></tr>
<tr><td rowspan="18">资讯内容</td><td rowspan="12">知识点</td><td rowspan="8">低碳钢板对接横焊实作</td><td colspan="3">问题:请看一看该校的焊条电弧焊焊机是哪种类型?</td></tr>
<tr><td colspan="3">问题:请查一查试件是什么材料制成的?</td></tr>
<tr><td colspan="3">问题:制备对接试板时都采用了哪些设备?你会使用这些设备吗?</td></tr>
<tr><td colspan="3">问题:你能记录一下焊接试板的尺寸吗?</td></tr>
<tr><td colspan="3">问题:不同尺寸的对接横焊试板,在焊接时使用的焊接参数是否一样?请在焊接时记录下来。</td></tr>
<tr><td colspan="3">问题:你在进行对接横焊试件时是如何解决变形问题的?</td></tr>
<tr><td colspan="3">问题:焊接时,你使用了哪些装备保护自己?</td></tr>
<tr><td colspan="3">问题:在焊接打底、填充、盖面 3 个位置时,分别选用了怎样的参数?3 套参数一样吗?</td></tr>
<tr><td rowspan="4">低碳钢板对接横焊质量管理</td><td colspan="3">问题:打底焊焊接到试板中部时发现出现了未熔合缺陷,你该怎么处理这种情况?</td></tr>
<tr><td colspan="3">问题:焊接填充焊时发现咬边问题,该如何补救?</td></tr>
<tr><td colspan="3">问题:焊接时是否遇到了磁偏吹的问题?你是如何解决它的?</td></tr>
<tr><td colspan="3">问题:焊接完成后,评价焊接质量时,发现你焊的试件有哪些问题?该如何改进?</td></tr>
<tr><td rowspan="2">技能点</td><td colspan="4">完成焊条电弧焊焊机横焊的焊接工艺参数范围</td></tr>
<tr><td colspan="4">以焊接生产车间为例,完成焊条电弧焊焊机的横焊作业及自检</td></tr>
<tr><td rowspan="3">思政点</td><td colspan="4">培养学生的爱国情怀和民族自豪感,做到爱国敬业、诚信友善</td></tr>
<tr><td colspan="4">培养学生树立质量意识、安全意识,认识到我们每一个人都是工程建设质量的守护者</td></tr>
<tr><td colspan="4">培养学生具有社会责任感和社会参与意识</td></tr>
<tr><td>学生需要单独资询的问题</td><td colspan="4"></td></tr>
</table>

【课前自学】

知识点1:低碳钢板对接横焊实作

一、焊接技术要求

(1)焊缝根部间隙 $b=4\sim3.5$ mm,钝边 $p=0.5\sim1$ mm,坡口角度 $\alpha=60°\pm2°$。

(2)材料:Q235A 钢板。

(3)焊后变形量小于3°。

对接接头横角焊如图4-13所示。

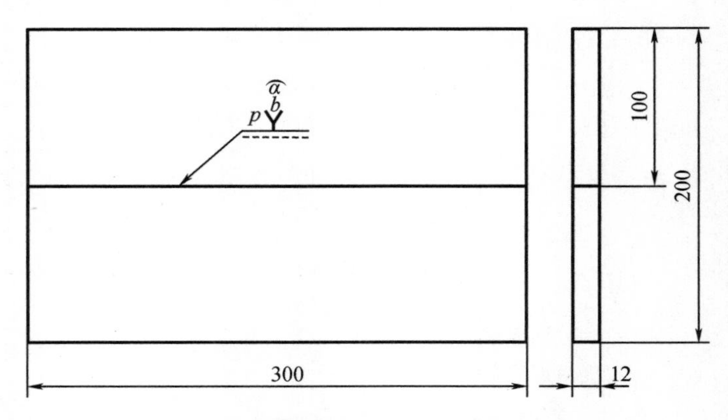

图4-13 对接接头横角焊图(单位:mm)

(4)技术解析:

①横对接单面焊双面成型是焊工必须掌握的操作技术。由于施焊位置的特殊性(横焊位置),熔滴和熔池金属在重力作用下容易下淌,施焊工艺、操作技巧与平板对接单面焊均有较大的差异。

②横对接单面焊双面成型的装配与任务与低碳钢板对接焊的对接板装配方法一致,反变形量不同,横焊多层多道焊,反变形量为3°~5°。

二、准备

1. 电焊机及辅具

(1)设备选择与检查

①本任务可采用直流下降特性焊机(如ZX7-400),选用碱性或者酸性焊条施焊。

②检查设备状态,电缆线接头是否接触良好,焊钳电缆是否松动破损,焊接回路地线连接是否可靠,避免因地线虚接、线路降压变化而影响电弧电压稳定;避免因接触不良造成电阻增大而发热,烧毁焊接设备;检查安全接地线是否断开,避免因设备漏电带来人身安全隐患。

(2)辅助工具

在焊工操作作业区应准备好錾子、敲渣锤、锤子、锉刀、钢丝刷、钢直尺、角向磨光机、焊接检验尺等辅助工具和量具。

2. 焊接参数选取

横对接单面焊双面成型焊接参数如表 4-4 所示。

表 4-4　横对接单面焊双面成型焊接参数

焊条型号	焊接层次	焊条直径/mm	焊接电流/A	电源极性
E5015(经 350~400 ℃烘干,保温 1~2 h,随取随用)	打底(第 1 层)	3.2	85~95(连弧法)	直流反接
		3.2	100~130(灭弧法)	
	填充(第 2 层)	3.2	100~130	
		4.0	160~180	
	盖面(第 3 层)	3.2	110~120	
		4.0	140~165	

三、施焊

1. 打底层

(1)基本操作

①将装配好的试件横向夹持固定在装备上(距离地面高度约 600 mm),将焊件间隙窄的一端放在操作者左侧,从焊件间隙窄的一端引弧。采用连弧法或灭弧法打底,焊条与下试件夹角为 70°~80°。接头可采用冷接法或热接法。如图 4-14 所示。

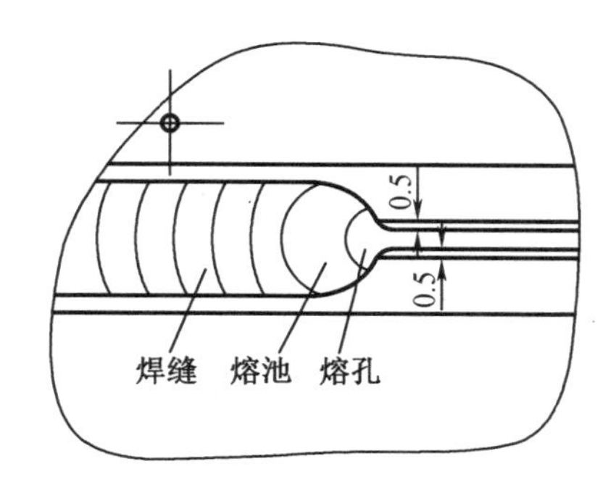

图 4-14　焊接横板时熔孔示意图(单位:mm)

②灭弧法打底时,在定位焊点前端引弧,随后将电弧拉到定位焊点的尾部预热,当坡口钝边即将熔化时,将熔滴送至坡口根部,并垂直压送焊条,使定位焊缝和坡口钝边熔合成第一个熔池。当听到背面有电弧击穿声时立即灭弧,这时就形成了明显的熔孔。随后按先上坡口、后下坡口的顺序依次往复实施击穿灭弧法。焊条在上侧坡口的停顿时间稍长于下侧坡口,熔孔熔入坡口上侧的尺寸略大于下坡口。

③连弧法打底时,先在施焊部位的上侧坡口面引弧,待根部钝边熔化后再将电弧带到下部钝边,形成第一个熔池后再打孔焊接,并立即采用斜圆圈形运条法运条。

(2)技能技巧

①灭弧法打底时在上侧坡口引弧,向下侧运条,然后将电弧沿坡口侧后方熄弧,节奏稍

慢(25~30 次/min),熔孔尺寸为0.8~1 mm。焊条向后下方动作要快速、干净利落。从灭弧转入引弧时,焊条要接近熔池,待熔池温度下降、颜色由亮变暗时,迅速而准确地在原熔池上引弧焊接片刻,再马上灭弧。如此反复引弧—焊接—灭弧—引弧。

②连弧法打底时,因上坡口面受热条件好于下坡口面,故操作时电弧要照顾下坡口面的熔化,从上坡口到下坡口运条速度略慢,以保证填充金属与焊件熔合良好(与下坡口);从下坡口到上坡口,运条速度略快,以防止铁液下淌。焊接过程中始终保持短弧焊接,将熔化的金属送到坡口根部,同时电弧弧柱的1/3应保持在背面燃烧。要严格采用短弧,熔孔熔入坡口上侧的尺寸略大于下坡口,否则容易在坡口下侧形成焊瘤。

③更换焊条熄弧、收弧时,熄弧位置应在坡口的内侧面,避免出现熄弧缩孔和弧坑裂纹。

④焊缝正面(坡口内)的焊缝厚度控制在3~4 mm,焊缝背面余高不大于3 mm。

2. 填充层

(1)基本操作

采用多道焊(下焊道2和上焊道3),直线形运条,也可用斜圆圈形运条,焊条与焊接方向夹角成70°左右,与下试件夹角可根据坡口上、下侧与打底焊道间夹角处熔化情况调整,焊条与熔池始终保持3~4 mm。先焊下焊道再焊上焊道。在焊接下焊道时使坡口下侧与打底焊道的夹角处熔合良好。焊接上焊道时,使坡口上侧与打底焊道的夹角处熔合良好,防止未熔合和夹渣,同时上焊道要盖住下焊道1/2~2/3,使焊缝表面平整。焊接顺序和焊条角度如图4-15所示。

(2)技能技巧

①填充层在施焊前必须将打底层焊缝表面的凸处焊点打磨平整,并将焊缝表面的焊渣、飞溅清理干净。

②填充层焊完后应预留1~1.5 mm深度。在施焊过程中绝不允许破坏表面坡口棱边形状,以免造成盖面层施焊时无基准。

3. 盖面层

(1)基本操作采用多道焊,按下焊道4—中焊道5—上焊道6顺序焊接,焊条与焊接方向呈70°~95°,与下试件夹角根据不同焊道及焊道间夹角处熔化情况进行调整,其余操作与填充层类似。盖面焊道焊条角度如图4-16所示。

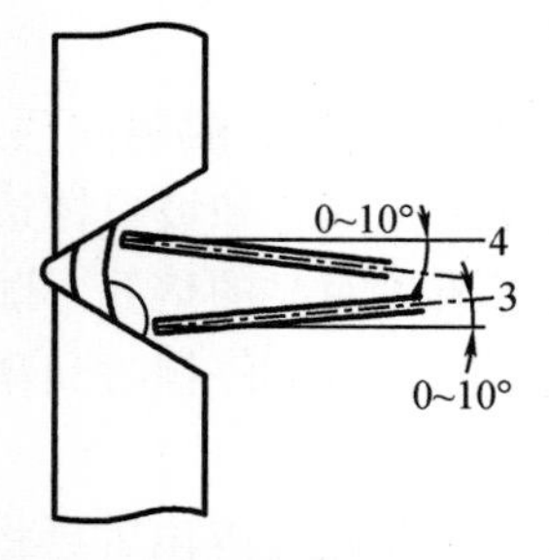

图4-15　填充焊道焊条角度

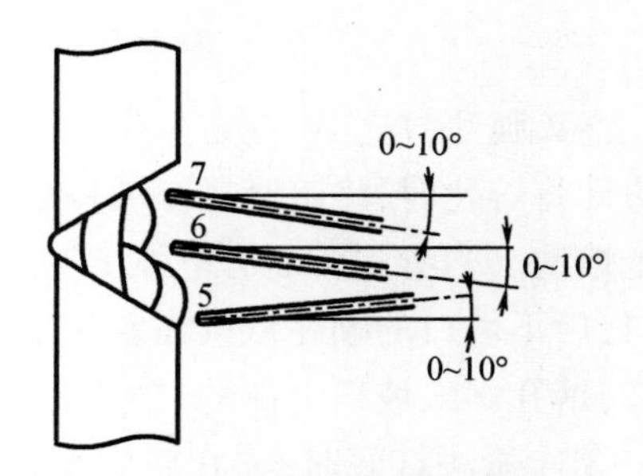

图4-16　盖面焊道焊条角度

知识点2:低碳钢板对接横焊质量管理

对于焊接作业来说,质量管控贯穿于焊接前后的长期过程,焊前准备、工序安排需要保证人身财产的安全,焊接过程中也要确保焊接质量,以及焊后的焊接质量评价,都会进行系统性管理,保证质量。

一、操作过程管理

(1)按规定正确填写工艺卡。

(2)按照安全文明生产操作规程的要求进行焊前准备及焊接操作。

(3)焊前清理坡口,露出金属光泽。

(4)定位焊在试件正面两端20 mm范围内。

(5)根部要焊透,单面焊双面成型。

(6)试件一经固定开始焊接,不得任意移动试件。

(7)盖面焊完成后,焊缝表面须保持原始状态,不得加工、修磨、补焊。

(8)焊缝表面无缺陷,焊缝波纹均匀,宽窄一致,高低平整,焊后无变形。

焊接质量记录卡如表4-5所示。

表4-5 焊接质量记录卡

焊接名称		接头形式	
材料		编号	
考核项目	质量配分	操作人员	组内互评
起焊处质量	10		
运条方法	5		
连接无脱节、凸起	10		
收尾要填满弧坑	15		
高度、高度差	15		
宽度、宽度差	15		
焊道直线度	10		
平敷面平整、波纹均匀	10		
焊后尺寸、缺陷	5		
安全文明、焊件清理	5		
合计	100		

二、外观质量评价

参考“焊缝外观评分标准”(表4-6)进行质量检测。先由学生自检、小组互检,再由教师检查,用各国评分标准记录焊接质量,不断反馈技术薄弱处,让学生有针对性地练习。

表 4-6　焊缝外观评分标准

项目：板对接横焊 $\delta=12$ mm

试件编码：(　　　　)　　　　　　　　　　　　本项得分：

检查项目	评判标准及得分	评判等级 I	评判等级 Ⅱ	评判等级 Ⅲ	评判等级 Ⅳ	测评数据	实得分数	备注
焊缝余高	尺寸标准/mm	0~2	2~3	3~4	<0,>4			
	得分标准	1 分	0.6 分	0.3 分	0 分			
焊缝高度差	尺寸标准/mm	≤1	1~2	2~3	3			
	得分标准	2 分	1 分	0.5 分	0 分			
焊缝宽度	尺寸标准/mm	17~19	≥16,≤20	≥15,≤22	<15,>22			
	得分标准	1 分	0.6 分	0.2 分	0 分			
焊缝宽度差	尺寸标准/mm	≤1.5	1.5~2	2~3	3			
	得分标准	2 分	1 分	0.5 分	0 分			
咬边	尺寸标准/mm	无咬边	深度≤0.5		深度>0.5			
	得分标准	3 分	每 5 mm 扣 0.5 分		0 分			
正面成型	标准	优	良	中	差			
	得分标准	2 分	1 分	0.5 分	0 分			
背面成型	标准	优	良	中	差			
	得分标准	1.5 分	1 分	0.5 分	0 分			
背面凹	尺寸标准/mm	0~0.5	0.5~1	1~2	长度>30			
	得分标准	0.5 分	0.2 分	0 分	0 分			
背面凸	尺寸标准/mm	0~2	2~3	3				
	得分标准	0.5 分	0.2 分	0 分				
角变形	尺寸标准/mm	0~1	1~3	3~5	5			
	得分标准	1 分	0.6 分	0.3 分	0 分			
错边量	尺寸标准/mm	0~0.5	0.5~1	>1				
	得分标准	0.5 分	0.2 分	0 分				
外观缺陷记录								

焊缝外观(正、背)成型评判标准

优	良	中	差
成型美观,焊缝均匀、细密,高低、宽窄一致	成型较好,焊缝均匀、平整	成型尚可,焊缝平直	焊缝弯曲,高低、宽窄差距明显

注：试件焊接未完成；表面修补及焊缝正反两面有裂纹、夹渣、气孔、未熔合缺陷，该试件作 0 分处理；试板两端 20 mm 的缺陷不计。

三、焊接返修

1. 返修条件

焊接的接头出现超标缺陷,待缺陷去除之后进行焊接返修。对于位于焊接接头处的表面缺陷,应使用砂轮修磨等方法去除缺陷。例如,如果修磨深度不超过标准允许值,则可以免于焊接返修。

2. 返修要求

分析返修要求,采取预防措施是搞好焊接返修的前提。一般来说,焊接返修由多道工序组成。去除缺陷方法的选择与材料硬度水平和合金含量相关,可以采用冷、热两种加工方法。在使用热去除缺陷方法时,注意不要因硬化层存在导致原始缺陷扩大或者新缺陷的出现。非必要可以采取冷热相结合的方法,用碳弧气刨,用砂轮打磨表面的硬化层。

3. 缺陷去除检查

去除缺陷后,一般采用磁粉检测(MT)、渗透检测(PT)等无损检测方法,确保缺陷去除干净彻底。缺陷去除检查是关系焊接返修质量的关键。

4. 焊接返工前工艺评定

因为返修用的工艺可能与产品焊接时的工艺不同,比如焊接时是自动焊,用手工焊条电弧焊进行返修,所以返修前要进行焊接工艺评定。如果原来合格的工艺能够按照NB/T 47014—2023 的相关规定覆盖返修工艺,那么在返修之前就已经进行了评定。

平对接单面焊双面成型横焊返修参数如表 4-7 所示。

表 4-7 平对接单面焊双面成型横焊返修参数

焊条型号	焊接层次	焊条直径/mm	焊接电流/A	电源极性
E5015(经 350~400 ℃烘干,保温 1~2 h,随取随用)	打底(第 1 层)	3.2	100~130(灭弧法)	直流反接
	填充(第 2 层)	3.2	100~130	
	盖面(第 3 层)	3.2	110~120	

5. 焊接返修后检查

为了确保返修质量,使用焊接时使用的相同无损检测方法(内部射线检测(RT)或超声波检测(UT)、表面 MT 或 PT) 和资格水平检查再返修焊接,以确保没有多余缺陷。本次横焊的返修检查采用目视检测。

6. 返修次数

过去人们担心焊缝多次修复同一个部位,反复发热会导致晶粒生长,影响工件的运行安全,此后多次试验证明,晶粒由于多次修复而生长的倾向不明显,对工件的安全运行没有威胁,所以对于同一位置返修次数超过两次,就判定焊缝报废是没有依据的。

基于上述原因,我国标准对焊接等部位的再接收限制不是强制性的。也就是说,返修前必须得到相关管理人员的批准,再返修部位、再返修情况必须记录在工件的质量记录单上。

7. 返修作业

打底层焊接缺陷反修时两侧一定要有坡口，里边不要有毛刺，上下最好多打磨 1 cm 左右，如图 4-17 所示。用焊条焊接的时候，注意焊条的角度，注意两边的融合，药皮不要跑到前面来，用反月牙反着退，尽量把药皮都退到后面去，这样可以更好地分清铁水和药皮，还能使熔池更好地融合。

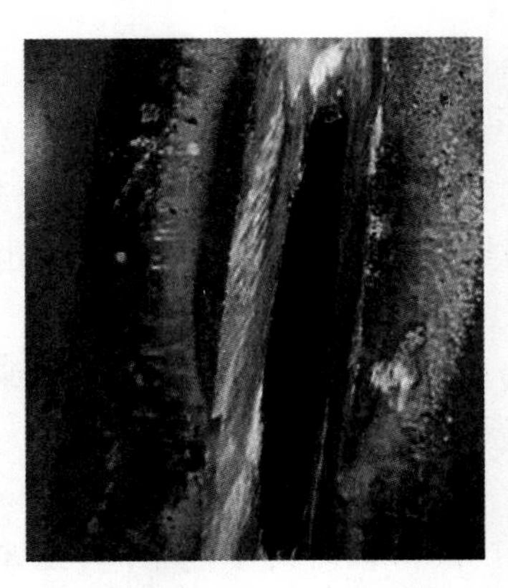

图 4-17　打底层返修打磨

盖面的时候采用和填充一样的手法，注意两侧不要有咬边，还需注意成型高度和焊后成型效果，严肃焊接工艺纪律。

【任务实施】

一、工作准备

1. 设备与工具

焊条电弧焊焊机、电弧焊焊枪、焊条电弧焊焊机说明书、安全护具（护目镜、电焊帽、口罩、焊接手套、焊接工作服）、辅助工具（通针、扳手、点火枪、钢丝刷、钢丝钳等）。

2. 相关材料

J402 焊条或者 J507 焊条等多种焊条、Q235A 钢板。

二、工作程序

1. 备件

使用火焰切割机制备工件试板坡口，清理坡口表面 20 mm 处，露出金属光泽。

2. 装配

对接板试板装配，制作反变形 3°～5°。

3. 焊接作业

横位对接焊板平位焊接作业。设置对接平位工艺参数，完成打底、填充、盖面，焊接过程中学生自行检查缺陷问题，及时调整，修复缺陷部位。

4. 焊后小组互检

小组互检，观察焊后试件，使用焊缝检验尺精确测量焊缝缺陷。记录焊后缺陷。根据焊接质量反馈分析并记录焊接手法和焊接工艺问题。

【做一做】

一、判断题

1. 所有的焊接接头中，以对接接头的应力集中最小。（　　）

2. 增加对接焊缝的余高，可以提高焊接接头的强度。（　　）

二、单选题

1. 试件厚度为 4~12 mm，采用________坡口对接比较合理。

A. I 型

B. U 型

C. V 型

2. 焊缝按结合形式的不同分为角焊缝、________、端接焊缝、塞焊缝、槽焊缝及对接和角接的组合焊缝。

A. I 型焊缝

B. 对接焊缝

C. 封底焊缝

三、实作训练

根据制定的焊接参数，进行钢板平对接单面焊双面成型实作，并进行自检、互检。

【低碳钢板对接横焊工作单】

计划单

<table>
<tr><td>学习领域</td><td colspan="3">焊条电弧焊</td></tr>
<tr><td>学习情境 4</td><td>低碳钢板对接焊</td><td>任务 2</td><td>低碳钢板对接横焊</td></tr>
<tr><td>工作方式</td><td>组内讨论、团结协作,共同制订计划,小组成员进行工作讨论,确定工作步骤</td><td>学时</td><td>1</td></tr>
<tr><td colspan="2">完成人</td><td colspan="2">1.　　2.　　3.　　4.　　5.　　6.</td></tr>
<tr><td colspan="4">计划依据:1. 被检工件图纸;2. 教师分配的工作任务</td></tr>
<tr><td>序号</td><td colspan="2">计划步骤</td><td>具体工作内容描述</td></tr>
<tr><td></td><td colspan="2">准备工作
(准备工具、设备、材料,谁去做?)</td><td></td></tr>
<tr><td></td><td colspan="2">组织分工
(成立组织,人员具体都完成什么工作?)</td><td></td></tr>
<tr><td></td><td colspan="2">焊前装配
(如何装配?)</td><td></td></tr>
<tr><td></td><td colspan="2">焊接作业
(如何焊接?)</td><td></td></tr>
<tr><td></td><td colspan="2">焊接表面缺陷检查
(谁去检查,检查什么内容?怎样检查?)</td><td></td></tr>
<tr><td></td><td colspan="2">整理资料
(谁负责?整理什么内容?)</td><td></td></tr>
<tr><td>制订计划说明</td><td colspan="3">写出制订计划中人员为完成任务提出的主要建议或可以借鉴的建议、需要解释的某一方面问题</td></tr>
<tr><td>计划评价</td><td colspan="3">评语:</td></tr>
<tr><td>班级</td><td></td><td>第　　组</td><td>组长签字</td></tr>
<tr><td>教师签字</td><td></td><td>日期</td><td></td></tr>
</table>

决策单

<table>
<tr><td>学习领域</td><td colspan="6">焊条电弧焊</td></tr>
<tr><td>学习情境 4</td><td colspan="3">低碳钢板对接焊</td><td>任务 2</td><td colspan="2">低碳钢板对接横焊</td></tr>
<tr><td>决策目的</td><td colspan="3">本次人员分工如何安排？具体工作内容有哪些？</td><td>学时</td><td colspan="2">0.5</td></tr>
<tr><td colspan="4">方案讨论</td><td>组号</td><td colspan="2"></td></tr>
<tr><td rowspan="16">方案决策</td><td>组别</td><td>步骤顺序性</td><td>步骤合理性</td><td>实施可操作性</td><td>选用工具合理性</td><td>方案综合评价</td></tr>
<tr><td>1</td><td></td><td></td><td></td><td></td><td></td></tr>
<tr><td>2</td><td></td><td></td><td></td><td></td><td></td></tr>
<tr><td>3</td><td></td><td></td><td></td><td></td><td></td></tr>
<tr><td>4</td><td></td><td></td><td></td><td></td><td></td></tr>
<tr><td>5</td><td></td><td></td><td></td><td></td><td></td></tr>
<tr><td>1</td><td></td><td></td><td></td><td></td><td></td></tr>
<tr><td>2</td><td></td><td></td><td></td><td></td><td></td></tr>
<tr><td>3</td><td></td><td></td><td></td><td></td><td></td></tr>
<tr><td>4</td><td></td><td></td><td></td><td></td><td></td></tr>
<tr><td>5</td><td></td><td></td><td></td><td></td><td></td></tr>
<tr><td>1</td><td></td><td></td><td></td><td></td><td></td></tr>
<tr><td>2</td><td></td><td></td><td></td><td></td><td></td></tr>
<tr><td>3</td><td></td><td></td><td></td><td></td><td></td></tr>
<tr><td>4</td><td></td><td></td><td></td><td></td><td></td></tr>
<tr><td>5</td><td></td><td></td><td></td><td></td><td></td></tr>
<tr><td>方案评价</td><td colspan="6">评语：</td></tr>
<tr><td>班级</td><td></td><td>组长签字</td><td></td><td>教师签字</td><td></td><td>日期</td></tr>
</table>

工具单

场地准备	教学仪器(工具)准备	资料准备
一体化焊接生产车间	焊条电弧焊焊机若干、安全防护用品若干	焊接设备的使用说明书； 工件生产工艺卡； 班级学生名单

作业单

学习领域	焊条电弧焊		
学习情境 4	低碳钢板对接焊	任务 2	低碳钢板对接横焊
参加低碳钢板对接焊人员	第　　组		学时
			1
作业方式	小组分析，个人解答，现场批阅，集体评判		

序号	工作内容记录 （低碳钢板对接横焊的实际工作）	分工 （负责人）

小结	主要描述完成的成果及是否达到目标	存在的问题

班级		组别		组长签字	
学号		姓名		教师签字	
教师评分		日期			

检查单

<table>
<tr><td colspan="2">学习领域</td><td colspan="3">焊条电弧焊</td></tr>
<tr><td colspan="2">学习情境 4</td><td>低碳钢板对接焊</td><td>学时</td><td>20</td></tr>
<tr><td colspan="2">任务 2</td><td>低碳钢板对接横焊</td><td>学时</td><td>10</td></tr>
<tr><td>序号</td><td>检查项目</td><td>检查标准</td><td>学生自查</td><td>教师检查</td></tr>
<tr><td>1</td><td>任务书阅读与分析能力，正确理解及描述目标要求</td><td>准确理解任务要求</td><td></td><td></td></tr>
<tr><td>2</td><td>与同组同学协商，确定人员分工</td><td>较强的团队协作能力</td><td></td><td></td></tr>
<tr><td>3</td><td>查阅资料能力，市场调研能力</td><td>较强的资料检索能力和市场调研能力</td><td></td><td></td></tr>
<tr><td>4</td><td>资料的阅读、分析和归纳能力</td><td>较强的资料分析、报告撰写能力</td><td></td><td></td></tr>
<tr><td>5</td><td>焊条电弧焊的对接横焊</td><td>较强的焊接操作能力</td><td></td><td></td></tr>
<tr><td>6</td><td>安全生产与环保</td><td>符合“5S”要求</td><td></td><td></td></tr>
<tr><td>7</td><td>焊接质量的分析诊断能力</td><td>缺陷返修处理得当</td><td></td><td></td></tr>
<tr><td>检查评价</td><td colspan="4">评语：</td></tr>
</table>

<table>
<tr><td>班级</td><td></td><td>组别</td><td></td><td>组长签字</td><td colspan="2"></td></tr>
<tr><td>教师签字</td><td colspan="4"></td><td>日期</td><td></td></tr>
</table>

评价单

学习领域	焊条电弧焊					
学习情境4	低碳钢板对接焊		任务2	低碳钢板对接横焊		
评价学时			课内0.5学时			
班级			第　　组			
考核情境	考核内容及要求	分值	学生自评（10%）	小组评分（20%）	教师评分（70%）	实得分
计划编制（20分）	资源利用率	4				
	工作程序的完整性	6				
	步骤内容描述	8				
	计划的规范性	2				
工作过程（40分）	保持焊接设备及配件的完整性	10				
	焊接质量及安全作业的管理	5				
	质检分析的准确性	25				
团队情感（25分）	核心价值观	5				
	创新性	5				
	参与率	5				
	合作性	5				
	劳动态度	5				
安全文明（10分）	工作过程中的安全保障情况	5				
	工具正确使用和保养、放置规范	5				
工作效率（5分）	能够在要求的时间内完成，每超时5 min扣1分	5				
总分		100				

小组成员评价单

学习领域	焊条电弧焊			
学习情境4	低碳钢板对接焊	任务2	低碳钢板对接横焊	
班级		第　　组	成员姓名	
评分说明	每个小组成员评价分为自评和小组其他成员评价两部分，取平均值，作为该小组成员的任务评价个人分数。评价项目共设计5个，依据评分标准给予合理量化打分。小组成员自评后，要找小组其他成员以不记名方式打分			

表(续1)

对象	评分项目	评分标准	评分
自评 (100分)	核心价值观(20分)	是否有违背社会主义核心价值观的思想及行动	
	工作态度(20分)	是否按时完成负责的工作内容、遵守纪律,是否积极主动参与小组工作,是否全过程参与,是否吃苦耐劳,是否具有工匠精神	
	交流沟通(20分)	是否能良好地表达自己的观点,是否能倾听他人的观点	
	团队合作(20分)	是否与小组成员合作完成任务,做到相互协作、互相帮助、听从指挥	
	创新意识(20分)	看问题是否能独立思考,提出独到见解,是否能够利用创新思维解决遇到的问题	
成员1 (100分)	核心价值观(20分)	是否有违背社会主义核心价值观的思想及行动	
	工作态度(20分)	是否按时完成负责的工作内容、遵守纪律,是否积极主动参与小组工作,是否全过程参与,是否吃苦耐劳,是否具有工匠精神	
	交流沟通(20分)	是否能良好地表达自己的观点,是否能倾听他人的观点	
	团队合作(20分)	是否与小组成员合作完成任务,做到相互协作、互相帮助、听从指挥	
	创新意识(20分)	看问题是否能独立思考,提出独到见解,是否能够利用创新思维解决遇到的问题	
成员2 (100分)	核心价值观(20分)	是否有违背社会主义核心价值观的思想及行动	
	工作态度(20分)	是否按时完成负责的工作内容、遵守纪律,是否积极主动参与小组工作,是否全过程参与,是否吃苦耐劳,是否具有工匠精神	
	交流沟通(20分)	是否能良好地表达自己的观点,是否能倾听他人的观点	
	团队合作(20分)	是否与小组成员合作完成任务,做到相互协作、互相帮助、听从指挥	
	创新意识(20分)	看问题是否能独立思考,提出独到见解,是否能够利用创新思维解决遇到的问题	
成员3 (100分)	核心价值观(20分)	是否有违背社会主义核心价值观的思想及行动	
	工作态度(20分)	是否按时完成负责的工作内容、遵守纪律,是否积极主动参与小组工作,是否全过程参与,是否吃苦耐劳,是否具有工匠精神	

表(续2)

对象	评分项目	评分标准	评分
成员3 (100分)	交流沟通(20分)	是否能良好地表达自己的观点,是否能倾听他人的观点	
	团队合作(20分)	是否与小组成员合作完成任务,做到相互协作、互相帮助、听从指挥	
	创新意识(20分)	看问题是否能独立思考,提出独到见解,是否能够利用创新思维解决遇到的问题	
成员4 (100分)	核心价值观(20分)	是否有违背社会主义核心价值观的思想及行动	
	工作态度(20分)	是否按时完成负责的工作内容、遵守纪律,是否积极主动参与小组工作,是否全过程参与,是否吃苦耐劳,是否具有工匠精神	
	交流沟通(20分)	是否能良好地表达自己的观点,是否能倾听他人的观点	
	团队合作(20分)	是否与小组成员合作完成任务,做到相互协作、互相帮助、听从指挥	
	创新意识(20分)	看问题是否能独立思考,提出独到见解,是否能够利用创新思维解决遇到的问题	
成员5 (100分)	核心价值观(20分)	是否有违背社会主义核心价值观的思想及行动	
	工作态度(20分)	是否按时完成负责的工作内容、遵守纪律,是否积极主动参与小组工作,是否全过程参与,是否吃苦耐劳,是否具有工匠精神	
	交流沟通(20分)	是否能良好地表达自己的观点,是否能倾听他人的观点	
	团队合作(20分)	是否与小组成员合作完成任务,做到相互协作、互相帮助、听从指挥	
	创新意识(20分)	看问题是否能独立思考,提出独到见解,是否能够利用创新思维解决遇到的问题	
最终小组成员得分			

课后反思

<table>
<tr><td>学习领域</td><td colspan="5">焊条电弧焊</td></tr>
<tr><td>学习情境 4</td><td colspan="2">低碳钢板对接焊</td><td>任务 2</td><td colspan="2">低碳钢板对接横焊</td></tr>
<tr><td>班级</td><td></td><td>第　　组</td><td colspan="2">成员姓名</td><td></td></tr>
<tr><td colspan="2">情感反思</td><td colspan="4">通过对本任务的学习和实训,你认为自己在社会主义核心价值观、职业素养、学习和工作态度等方面有哪些需要提高的部分?</td></tr>
<tr><td colspan="2">知识反思</td><td colspan="4">通过对本任务的学习,你掌握了哪些知识点?请画出思维导图。</td></tr>
<tr><td colspan="2">技能反思</td><td colspan="4">在完成本任务的学习和实训过程中,你主要掌握了哪些技能?</td></tr>
<tr><td colspan="2">方法反思</td><td colspan="4">在完成本任务的学习和实训过程中,你主要掌握了哪些分析和解决问题的方法?</td></tr>
</table>

参 考 文 献

[1] 人力资源和社会保障部教材办公室. 焊条电弧焊[M]. 北京:中国劳动社会保障出版社, 2009.
[2] 侯勇. 焊条电弧焊[M]. 北京:机械工业出版社,2018.
[3] 赵玉奇. 焊条电弧焊实训[M]. 2 版. 北京:化学工业出版社,2009.
[4] 赵卫,王波. 焊工(技师、高级技师)[M]. 北京:机械工业出版社,2023.
[5] 刘庆忠,刘新海,任林昌,等. 电焊工:焊条电弧焊[M]. 北京:石油工业出版社,2014.